花园设计系列

乡村花园设计

奥利弗·基普〔德〕 著
宝 瓶 译

长江出版传媒 湖北科学技术出版社

乡村花园设计

目录

目录

田园梦

乡村花园

"田园诗"这个词是乡村花园的灵魂。无论在乡村，还是城市，如果围绕这个灵魂设计花园，让它呼吸着乡野的气息，就一定会受到大家青睐。

近来，从昔日古典花园衍生而成的乡村花园已成为新的流行趋势。特别是在当代，人们逐渐把花园作为休闲交友的场所和重新获取能量的绿洲，乡村花园就更赋有特别的意义。有别于地中海式花园，乡村花园作为典型的中欧和北欧式花园，在近百年间历经演变。园艺杂志和图书炒热了乡村风格和农夫花园等概念，可没人能够给乡村花园下一个准确的定义。大家通常认为，类似乡村的花园必须首先让人眼前一亮，它可以是一个由草坪、地砖和灌木等组成的聚合体，但必须是自然的，至少接近自然，这点十分重要。你或许还会联想到这样一幅美景：繁茂的苹果树上硕果累累，华丽的花圃里开满色彩斑斓的月季、飞燕草、锦葵，以及点缀着滨菊的草坪，碎石小径，红色的石砌房屋……一只懒猫正在门前温暖的石阶上晒太阳，积水桶旁边竟然长出一大丛荨麻，正好可以将它制作成花园所需的肥料，蝴蝶宝宝也喜欢吃它的嫩叶。在这里，杂草无需修剪，农药永远锁进抽屉。耳边传来嘤嘤鸟语、咩咩羊啼和嗡嗡蜂鸣，以及流水的汩汩声……所有这些，就是一个梦幻花园。

乡村花园的氛围

我们大多数人心中所想象的质朴、纯净而美好的乡村生活，和现实中的乡村生活是存在一定落差的。如今，我们无需依靠在花园种菜、养奶牛为生。然而，正如18世纪末法国女王玛丽·安托瓦内特在巴黎的小特里亚宫殿（Petit Trianon）所做的一样（一个人造的、风趣可爱的小村庄——凡尔赛公园之梦），我们可以模拟简单的乡村生活，并乐此不疲。

来自英国的玫瑰品种成为乡村花园的必需品。

梦想与现实

如今我们已经有条件来享受乡村生活美好的一面，而不必像古人一样为生计忧虑。其实几百年前的贵族和富人早已是这个样子：美第奇家族曾在佛罗伦萨附近建有精美的别墅，宫殿花园也曾经如雨后春笋般遍布巴黎和伦敦近郊。在德国、奥地利和瑞士等地，趣味宫殿和乡村为度假提供了便利。

事实上，乡村花园是一个在任何时候都可以去放松的天堂。人们梦想中的乡村花园生活并不是从早劳动到晚，而是在这里得到休息和放松。一定的劳作和养护是必需的，但这是一种愉悦的劳动，属于享受乡村花园生活的一部分，伴随着空气中弥漫着的青草气息，以及微风中飘来的有机堆肥的腐烂味道等。请尽可能以放松的心态来欣赏这本书：即使没打算搬迁到乡村，也请继续读下去。

几乎在所有花园中都能找到乡村风格的设计元素。无论是在乡村拥有一座宽敞的花园，还是在城市拥有一个精致的露台，你总能找到实现乡村风格的设计和方法，并将之付诸于自己的"伊甸园"。一个建在乡村的花园，若想把所有的需求和谐地整合在一起，同时还要融入周围的环境，的确有些难度。对于一个只是在城镇拥有座小花园的人来讲，突然在乡村获得

即使在城市，别致的乡村风格花园的实现形式也是丰富多彩的。

了8000平方米的花园绿地可供支配，或许会感到有些无所适从。当我从这个1914年由老式农庄建成的石房子里放眼望去时，能看到花园的绝大部分景象。首先，花园需要一个合适的视线分割打造出非正式的隔离效果，以保证从远处看时有种连绵起伏的丘陵感。现在的花园是这个样子：以一大片红豆杉为中心轴，红豆杉的后面是成片的果树，还有很多野花和一个长长的宿根花床。你可以在花园里把许多元素难以置信地结合在一起。你可能会不屑一顾：这么大的花园，谁不会？但是，多年的经验和阅历教会我，即使在一个小型花园里，也能和谐地组建和构造出想要的意境。在设计乡村风格花园时，或许会遇到这样的困惑：在城市或市郊的花园很难营造出令

人印象深刻的氛围，毕竟，周围的一切都不具备乡村的特征。这时，花园隔离是创造自己梦想世界的第一步。其实，从一开始就没有什么是不可能的。诚然，百分之百地按照自然的乡村去模拟是不现实的，但可以用其他乡村风格花园为样板来达到自己的目的。

左图：乡村花园是一个自我陶醉的小天地，是一个展示风格个性的避难所，对现代的城市居民有着不可抗拒的吸引力。

一个基本问题：城市还是乡村？

对乡村花园来讲：如果居住在乡村，需要融花园设计于周边环境，以相得益彰。如果居住在城市，则必须将周围环境尽可能隐藏起来，这样才能营造一种乡村氛围的假象。

现代的乡村花园都带着质朴的芬香和贵族的气质。精致版花园适合当代的城市住房。

乡村花园的三种类型

乡村风格花园是花园文化中的典范，可惜现在能真正呈现这种风格的花园已十分少见。看看周围的花园：虽然蓬勃发展的趋势未停，但大多数仍较少有令人心动的感觉，加上构造设计不专业，因而缺乏一种舒适感。

德语区农夫花园比较多，它们对当代时髦乡村花园的形成有着很大的影响。因地区不同，它们以自给自足为特色：花园里种有蔬菜、水果甚至各种草药，配以护理简单、容易繁殖的宿根和一二年生的草花。农夫花园里总是色彩斑斓，设计多样。气候、实用性和花园主人的偏好决定了花园的内容和风格。除蔬菜和鲜花外，农夫花园还有一个典型的特征：十字路。十字路起源于中世纪的修道院花园，可以让你便利地到达花园的每个角落，还起到了很好的隔离效果。花床边缘种些矮生植物或耐修剪绿植作为分界线也是那时花园的典型特征，还有保护花园不受动物入侵的木栅栏、篱笆也是必不可少的。农夫花园虽然自身有着丰富的多样性，但正规古典式园林对其影响很大，而正规古典式园林大都曾经是贵族所拥有。所以，农夫花园除了受修道院花园影响外，还融入了很多贵族花园的一些世俗的模型。这些模型反映了古老的原则：征服大自然，为我所用。统治者在设计花园时只是想表明，自然必须服从万物之灵。因而农夫花园的设计原则纯粹就是实用：种植、收获。

规整式乡村花园：严谨和传统

规整式乡村花园，如农夫花园，如今也变得十分现代化。简洁而又表现力强的设计，减少素材的使用等，这些逐渐被农夫花园所采用。规整式乡村花园的另一个发展方向就是用植物来形成景观构架。荷兰的 Piet Oudolf，美国的 Wolfgang Oehme 以及瑞典的 Ulf Nordfjell等世界级的花园设计师，就是这些新型设计风格的风向标。当然，这种风格也被用于现代乡村花园，因为用植物做构架既自然，又能以独特的方式增添景观效果。

右图：面积大的地方，大量群植宿根花卉会给人大气磅礴的感觉，而且能和周围风景融为一体。

英国的村舍花园有着悠久的历史，与德国的农夫花园不同，它们以艳丽的宿根和夏季花卉为主，蔬菜只为增色。

英国村舍花园：花草繁茂

除传统的农夫花园外，乡村花园的另一个典型代表是英式花园。一提到英式花园，首先就会想到英国村舍花园，它跟常规的农夫花园完全不一样。英国村舍花园的拥有者不是农夫，不用自给自足。花园主人更愿意让邻居知道，自己很懂园艺。

英国村舍花园的主人用鲜花装饰自己的房屋。这些花儿容易护理，也很受客人喜爱。与我们想象中完全相反，即使在最好时期的典型英国村舍花园里，也从来看不见英国玫瑰，那里生长着毛地黄、羽扇豆、蝇子草、风铃草、滨菊、蜀葵，以及川续断属中漂亮的蓝盆花。几乎所有野生在田间地头的花卉都会在英国村舍花园里出现，这样就形成了它的一种标志。这种多样性还可由一些一二生的花卉来衬托

和补充，如虞美人、石竹等。然后可放任不管，任其自由发展。自播的花儿会成簇绽放，并不时地改变着花园的景观。

玛格瑞·菲士女士（Margery Fish，英国著名的园艺爱好者，园艺作家）是我十分敬佩的园艺作家。她曾深入研究英国村舍花园，并给后人留下了许多文字记录，她的书我几乎每年都要拿出来读一遍。

在参观了她位于East Lambrook的花园后，我才明白英国的旗舰花园，如西辛赫斯特花园（Sissinghurst花园位于英国肯特郡的坎特伯雷西南约40公里，是一个历史悠久的乡间别墅城堡）或海德寇特花园（Hidcote花园位于英国格洛斯特郡埃文河畔斯特拉特福东北部，1907年由美国园林设计师劳伦斯·约翰斯顿设计建造。4万

原生态乡村花园没有奢华的创意，崇尚一种天然的形式。在这里一切都不复杂，不标新立异。

经典的乡村花园追求奢华，这不仅在英国的花园中得以体现，还可以追溯到整个中欧以及北欧的私家花园和公园。

多平方米的花园依照不同特点划分为不同区域。它是英国最著名的花园，其他很多著名花园都以它为设计样板。例如，西辛赫斯特花园的设计灵感和植被模式就是源于此花园）已经离这些小规模的英国村舍花园所拥有的乡村氛围愈来愈远。

英国村舍花园里没有正式的构造框架，虽然也会有被修剪的灌木，但很少出现对称和同轴度。它的目的很简单：美化主人的生活空间。对天生爱好园艺的英国人来讲，花园的工作量必须适度，不能让人觉得是负担。

原生态乡村花园：亲近自然和田园诗

乡村花园的第三个典型代表是原生态花园。原生态花园是这几年才开始流行的花园模式。它轻设计理念而重伦理感觉，

崇尚让因土地改建和花园劳作而遭破坏之处得以缓冲并形成自然的景致。在这里人们提倡：不用人工合成肥料和化学植保药剂，花园里原有的动植物群落应该和谐发展并达到一种平衡。植物选择限制在本地物种和在本地区生长发育良好的植物，这些植物会在自然条件下自由生长。如此打造的花园会十分具有吸引力，里面的各种动植物令人着迷。

当然，原生态花园并不是说什么都不管，这在有限面积的花园里是行不通的。相反，原生态花园需要给予特别的关照，无论是在城市还是乡村。

英国村舍花园

英国是个有着花园艺术传统的国度，英国人的花园激情也给英伦三岛带来了灵气。这些小巧、精致的植物天堂是各种创意和想法的宝库。

几百年以前，著名的花园，如西辛赫斯特花园和海德寇特花园，就受到英国村舍花园风格的影响。战争结束后，花园主人们已经负担不起专门雇园丁来打理花园，因此这种花园必须易于护理。那些夏天盛开的植物要花费很多时间和人力，于是园丁们慢慢意识到宿根花卉的好处：护理简单，易于组合搭配。

很多人并不了解，其实混合植被的多样性和花境组合的复杂性都是相对"年轻"的花园艺术。西辛赫斯特花园的主人维塔·萨克威尔西（Vita Sackville–West，英国作家和园林设计师）和海德寇特花园的设计师劳伦斯·约翰斯顿都是从种植一些简单植物开始入手的。首先是因为经费的问题。由于经济危机的影响，苗圃里可供选择的植物愈来愈少，观赏植物的需求也在减少。其次是英国村舍花园的主人并不是苗圃的常客。他们大多数是通过花园主人之间的交换来获取植物，这也是为什么大多数花园里的植物都是一样的。没有人

能像玛格瑞·菲士那样准确地描述英国村舍花园，在她1961年出版的《英国村舍花园的花卉》（<Cottage Garden Flowers>）一书中写道："在世界上任何其他地方都找不到这种英国村舍花园。但在这里，几乎每个小村、小镇都能发现这种小型花园。它们通常看起来很简洁，没有多余的装饰，却十分招人喜爱。但遗憾的是，现在，由石头和砖瓦搭建的、开着小窗的小茅屋已不多见，取而代之的是连栋平房。可那些作为英国村舍花园标志的、简洁而坚定开放在花园里的花儿却依然存在。"

花床替代蔬菜床

玛格瑞·菲士的花园里从来不会种植萝卜、白菜、生菜之类的蔬菜，而是把这里留给能带来美感的植物，至于厨房所需到超市去买就是了。在英国村舍花园里，鲜花满园的前庭替代了砾石和针叶树，成为花园鲜亮的名片。英国村舍花园不仅给人以美的享受，更让人体会到一种独特的花园体验：它邀请你靠近，并给你惊喜。

大丽花是老式花园里的经典植物。

小花园的天堂

请做好来次探险之旅的准备，我们将去欣赏一个崭新别致的花园意境。花园的风格和设计固然重要，但自家花园更应该让自己感到自在舒服。如果希望自己的乡村花园也有着英国村舍花园的格调，就要像玛格瑞·菲士女士学习。她很晚才开始经营自己的花园，这个位于East Lam-brook的小花园，现在已成为一道风景，并有着典型的英国村舍花园风格。如果你喜欢英国村舍花园，我不希望你看完这章后，列个植物清单，然后依葫芦画瓢。玛格瑞·菲士女士也不会这么做，她对每个可能拥有的新品种都感兴趣，并会尝试种植。其实，英国村舍花园的主人都这样：他们喜欢在花园里小心翼翼地试验和照顾自己的新品种，并在与别人交换植物时，自豪地告诉他们自己独家的养护秘诀。

英国村舍花园通常都比较小。如果你曾开车经过英国南部的乡村，一定见识过花开满溢的景象，以及对挑剔的人来说略显零乱的成片植物和花饰。此外，这里花园的设计也很业余，很少见到单株植物，因为所有的面积都必须种满，但没有大片的草坪等。以前，人们很少把花园当成休闲的场所或健康的绿洲，那时在花园种花是为了表明自己属于这个村舍集体的一员，

在德国花园里，大面积的草坪很受欢迎，再种棵果树就有了乡村的感觉，种于入口的攀缘月季也十分受欢迎。

并为人们提供聊天的话题和场所。很遗憾，现在一切都在改变：人们搬到隔离墙和矮树篱的后面，与外界隔离，花园的享受不再属于邻居和路人，只限于自己和家人。其实，真正喜欢英国村舍花园的人都十分愿意与人交流，特别是与有经验的园丁交流。

英国村舍花园的大小与现代连栋住房花园的大小差不多，不同的是拥有英国村舍花园的房屋皆独家独户，房子四周可以用花园连成一片。

多样性而非纯朴简单

在英国村舍花园里，植物组合中固定颜色的搭配既没有必要，也不受欢迎。如今我们已经适应了花床里某些固定的花色组合，常常在种植前就提前做好了植物组合的规划。因而，色彩搭配随性的英国村舍花园在当代就好像有些不合潮流。但英国村舍花园绝不是"色彩花园"的初级版本，它们的主人在挑选植物颜色时，会有意识地注重花色的丰富性与协调性。这里，我鼓励园丁们在搭配花园植物时，充分发挥自己的想象力。

左图：春季的花海不一定非得种宿根植物，球根花卉如葱花类，以及大丽花也是不错的选择。

英国村舍花园设计

1 草坪或碎石路引导人们从花园入口走向家门口，两旁的花床开满了茂盛的花儿，如老鹳草、刺芹和浪漫的野玫瑰。

2 植物组合，如鼠尾草、飞燕草、角堇、金银花，以及争先恐后盛开的玫瑰，这样的搭配到现在还一直受到园丁们的喜爱。

3 虽然放眼望去种满宿根的广阔花床总是和英式花园联系在一起，但这却不是英国村舍花园的特征。这幅图里可以明显看出一边是小型花床，对面是花海一片。

4 图中亮丽的主色调让英国村舍花园特别有吸引力，还能中和满目的冷色调。

5 蔬菜在英国村舍花园里并不常见，但美丽和实用为什么不能结合起来呢？图中树荫下的香草，以及各种蔬菜和夏季花卉，色彩搭配就很丰富。这种搭配趋势无论在乡村还是城市，都已越来越流行。

花开每一天

我们生活在当代是很幸运的，因为几乎在任何一个好苗圃都能买到美丽的植物。即使稀有品种，也可以在植物交易市场或网上找到。但是几十年前却没有这么丰富的供应！

装修讲究、结构合理的超大园艺市场几乎遍布欧洲的每个小镇，但在英国却不多见。在英国，更多的是由家族苗圃企业经营的、起示范作用的小型园艺市场。这里品种齐全，你总能找到满意的宝贝。其实建一个英国村舍花园，不一定非得用耧斗菜、毛地黄等，这里不在乎品种多少，

更注重自然真实。玛格瑞·菲士女士在她的花园里打造的自然之美使人印象深刻，娇生惯养、弱不禁风的植物在这种乡村花园里很少用到。花床里所有的植物应和谐相处并自由自在地生长，这样后期的花园护理工作也会轻松很多。

花开不断的花园

花园里不同长势的植株间的竞争很麻烦，也让很多园丁头痛。如果事先熟悉植物的特性并合理搭配，类似问题其实是可以避免的。如果想打造一个英国村舍风格的花园，就必须对所用植物的特性十分了解。因为这类花园的花床通常不大，且没有多余空地，所以所有的植物，无论群植还是单植都要挤在一起。植物群的组成要

图中的植物种类很少，这在英国村舍花园里并不多见，但在较大面积的花坛应用时效果却很好。

么很复杂，要么是由同种属的不同类型混合而成，而且有时为了填充花园里的空隙或美化暴露的地方会种植一些不同种属的植物，如很难过冬的大丽花、一年生的夏花大波斯菊、二年生的毛地黄和石竹等。除少数例外，一般来讲，英国村舍风格的乡村花园的护理都比较简单。在寻找植物组合素材时，最好选择一些能重复开花的品种，组成一个种群或花毯，如不同品种的楼斗菜或风铃草，像荨麻叶风铃草、桃叶风铃草就十分合适。

左图：南欧紫荆的分枝较疏松，其半荫的树下可种植楼斗菜和常绿灌木。

作为勾勒花床轮廓或者点睛之笔的植物，不能具有侵入性，这样才能和其他植物相得益彰，如具匍匐蔓生性的物种就不适合此类。最好选择能自播自繁的植物，发芽后过量的苗可以除掉或送给邻居。如

轻松选择植物

　　可在去苗圃或园艺市场购物前列一个购物清单。一本植物分类学的书会很有帮助：把植物分成单植、群植和填缝类（连接植物群）。同时注意花期和植物特性。

典型的英国村舍花园植物品种：羽扇豆、钓钟柳和玫瑰。一年生黑种草被用来填充空当。

此才能建成美丽的乡村花园。

以自然为模型。试想一下，在一片物种丰富的草原里，某个植物群落存在了成百上千年，没有施肥，没有刻意地护理，形成了一种生态平衡，里面既有常见物种，也有稀有物种，每个物种都能存活下来。英国村舍花园里的花床就应该这样，适应自然界的生存法则。此外，花园还应该在不同的季节都有景可观。宿根植物必不可少，但也可以用小丛林作为花园的骨架。并不是花园里所有植物都必须源于当地，但一些外地热带稀有物种最好不要用。丝兰属或能越冬的龙舌兰科植物就不适合，而且它们很快会把英国村舍花园的天堂给糟蹋掉。同样，花量丰富、花朵特大的观赏植物也会如此。

精心选择花园植物，以达最佳效果

这里我想详细解释一下，挑选英国村舍花园里的植物时什么最重要。厚重、花朵巨大的植物并不一定合适，有些看起来像假花。英国现代育种出来的观赏植物，花朵杯形、简洁，或很多小的重瓣花会给人感觉更轻盈，更让人亲近。灌木状的野生玫瑰是乡村花园的理想品种。在我的花园里有个2米长的玫瑰品种，弓形分枝，简单的紫红色花朵十分优雅、美丽。它们即使在半阴下也照常开花，冬天还会结出美丽的杯形红果。还有个品种'Agnes'很少有人注意到，它是 *Rosa rugosa* 和 *Rosa foetida* var. *Persiana* 的杂交品种：中等大小，细腻的奶黄色重瓣花，散发出轻微的柑橘香味，周围被浅绿色叶群包围。这种玫瑰可让人明白英国村舍花园应该是怎

在城市花园里，早春花卉，如郁金香、勿忘我和红花糖芥组成了花的海洋，这些花儿都是英国村舍花园里比较常见的。

沿着橡木攀缘而成的玫瑰拱门下是条碎石小径，这种小径很诱人，并增添了花园的想象空间。

样的格调：细节很丰富，结构很简洁，朴实无华而外形美丽。正如在选择植物时，用雏菊和紫苑，而不用重瓣菊花；用飞燕草和郁金香，而不用山茶花或灌木牡丹。

　　如果决定打造英国村舍花园，那么植物的选择比花园规划更重要。需要注重细节，并对植物倾注全部的爱。有些很美、很梦幻的花园，其设计或许并不那么好，但主人对植物的合理运用和满满爱意，让花园流光溢彩。如果英国村舍花园的原则得到很好的贯彻，花园里每一块土地都会被充分利用。英国村舍花园独特的多样性和简洁的表现形式会让你觉得完全没有必要非得拥有座风景如画的乡村别墅。

花园里受欢迎的宿根植物

拉丁名	中文名	特性	株高
Aquilegia-Hybriden	楼斗菜	簇生、自播	70 cm
Alchemilla mollis	羽衣草	群植	30~40 cm
Astrantia-Hybriden	大星芹	簇生	50~70 cm
Campanula trachelium	风铃草	簇生、自播	30~40 cm
Centranthus ruber	败酱草	簇生、自播	80 cm
Geranium endressii	老鹳草	群植	40 cm
Geum-Hybriden	水洋梅	群植	30~60 cm
Knautia macedonica	川续断	簇生、自播	100 cm
Potentilla nepalensis	委陵菜	簇生	60 cm

规整式乡村花园

严谨而又高贵、典雅的空间布局是规整式乡村花园最吸引人的地方。宫殿或修道院的附属花园为其注入了新鲜血液。

追求自然是花园艺术最原始的信念，事实上，园丁们也在自己花园里以不同的形式贯彻着这个基本理念。英国村舍花园就是个典型的范例。规整式花园则更进一步：自然不仅是模仿的对象，也是建造花园的源泉。人们通过镶边、隔断将花园与周围隔开，并用直角和精美弧线替代不规则的有机形式。

明确的花园内涵需要一个清晰的设计理念

自古以来，规整式花园就是富丽大方的宫殿建筑的一部分，自文艺复兴时期（宣布古代理想的重生），规整式花园艺术在欧洲已经不可或缺。它是人类对自然的征服，是文明对野蛮的征服。如果你也想拥有规整式乡村花园，建议在建造前看看花园史。这对找到适合个人特性的花园类型很有帮助，因为即使是规整式乡村花园也有很多类型供选择。

有许多规整式乡村花园的模型可供参考和选择：农夫花园里有各种各样的鲜花和可食用植物，修道院花园的机械式分离，还有随着时光流逝，几个世纪以来王子和国王们所兴建的花园景观，都不断地被富有的国民模仿、复制。两个要素展现了规整式乡村花园的特征：实用和豪华。当然王子们还会建有自己的菜园，以法语Potager（源自法文Jardin Potager，特指优美的观赏菜园）命名，以提供新鲜蔬菜和水果。一个很好的例子就是汉诺威皇家花园里的山顶公园，就是韦尔夫家族（德国的传统贵族世家。在历史上的不同时期，其家族成员曾先后是士瓦本、勃艮第、意大利、巴伐利亚、萨克森、布伦瑞克-吕讷堡公国的统治王朝。家族成员布伦瑞克的奥托曾为神圣罗马帝国皇帝——1209年加冕。从1714年起，该家族的一个分支成为英国王室）所建的菜园。

如果你被农夫花园难以抗拒的魅力吸引，可将花园建得很实用，增加在花园里劳作的时间，亲手种自己爱吃的蔬菜和水果。如果你更喜欢一个线条清晰、护理简单的花园，可以从巴洛克风格的宫殿花园中找到灵感。

蔬菜和沙拉属于经典的农夫花园。

苏格兰的德拉蒙德城堡，是最美的规整式花园之一。一条中轴线贯穿花园，将人们的视线引入远处的景观之中。

从城堡花园到农夫花园

谈及花园艺术，与农夫花园的传统和风俗不同，城堡花园排在首位的是以规整的花园设计风格来吸引眼球。这种考量对现代花园的影响也十分深刻，以致在今天的花园设计里还能见到它的痕迹。想想凡尔赛宫，这个由路德维希十四和他的建筑设计师安德烈·勒诺特于17世纪末开始建造的巨型工程。他们在一个巨大的空间里创造了这个花园，一个世上绝无仅有的花园建筑艺术品。

你可能会问，我家的花园与这些庞大的建筑艺术品能有什么共同之处？答案会出乎你的意料。因为设计师安德烈·勒诺特所用的很多手法和技巧，即使对现代花园的设计者仍有借鉴意义。比如，他在宫殿上设计宽阔的阳台，阳台的宽度正好是从楼台的门到屋檐的长度。这个设计很棒，因为这样人站在阳台上就好像位于剧院的舞台：身后的宫殿既是背景，也是看台。身旁是自由天空下的舞台空间，前方鸟瞰的是整个美丽的花园。

古代所谓的功能性和现代意义上的实用性并不完全相同，它还具有别的含义。在古代，类似的建筑经常被批评为炫富和奢侈，虽然这在当时的确是挥霍无度和衰落的标志，但在政治上也有着重大的意义。因为各国诸侯亲王临朝的大型宫殿也是其

右图：在经典农夫花园里，分割严格的花床被花卉和蔬菜地取代。

他王朝使者谒见的行宫，这些使者能亲眼看见所拜见的统治者是否强大、自信，而宫殿及其附属花园是做出这一判断的主要依据之一。其实在当代很多情况下也类似，花园是身份的象征。特别是以设计为导向的花园深受人们喜爱，并成为收入较高者的标签。但有时也不完全如此，建造花园确实费钱，但钱不是衡量规整式花园好坏的唯一标准。在此我需要特别强调：在计划建造经典规整式花园时，以为花钱就能解决一切是错误的想法，这只会扼杀了你的创造力。

根据喜好打造自己的专属花园

处事简洁，中规中矩，持之以恒，如果你有这些禀性，那么规整式花园就很适合你。不要以为必须拥有庞大的空间才可以建造规整式花园。规整式乡村花园的基本原则是清晰的线条设计，因此也可以将其应用到城市绿地上。而且空间的局限性会让使用的材料和植物大为减少，比如常绿区只需要很少的品种，这样呈现出的画面会相对干净、简洁，同时还能改善空间效果，让可利用的面积看起来更大。现代的规整式花园大多护理简单，因此十分适合那些不想，也没有太多时间打理花园的人。

虽然由于地域差异，德国农夫花园很难有典型的共同特征，但仍然有不少反映地区特点的标志。如前所述，品种繁多的观赏植物和食用植物一般被篱笆围在园内。用于建园的木头在乡村很容易获得，且成本较低。比较有代表性的是园中的十字路和花床旁的矮树篱，这个基本建筑就可以把规整式乡村花园和英国村舍花园区分开来，后者基本没有正式的固定结构。懂得不同花园效果的实现方式，将有助于我们理解和把握不同的花园风格。植物配置也起了很重要的作用，对很多园丁来讲，这个是最容易实现的部分。在农夫花园里，除了菜园里的食用植物，出现最多的是荷包牡丹、蜀葵或滨菊这类源自草地的花儿。接触城市花园以后，你会发现里面有很多在山区

也很普遍的植物，如改良后的玫瑰、华丽的宿根福禄考和飞燕草。这里生长的植物大都比较皮实，抗性好。

花园矮树林里少不了果树，依其树形可做攀架和隔行，或任其自由生长。做攀架或隔行能使花园空间得到合理分配。任其自由生长，一般会将其种在花园边缘，以免遮住了阳光而影响园中蔬菜和花卉的生长。包括农夫花园在内，很多花园的花床都是长方形或正方形的，花园中心有个环形小路。以前在花园里还会有水井，因为夏天酷热缺水，如果没有就近井水，浇水就会是件很麻烦的事。如今，自来水很普及，长水管浇水很容易，已经没有必要打井。

建造农夫花园应遵循的原则

德国农夫花园虽然特别适宜农村地区，但在城镇同样也能建成美丽梦幻的农夫花园。这里需要注意，农夫花园的光照必须充足，周遭过于高大的建筑物容易遮阴，对喜光型植物的生长十分不利。如果你的花园处于这种不利状况，建议不种或少种蔬菜，多种宿根类植物。如果花园面积较大，不妨拿一部分面积来建农夫花园，它可以是个隔离的单独空间，不过也没有必要专门费力设计将其隔离开。

在大多数人的花园里，一般都会有个角落作为菜园。菜园四周可用欧洲紫杉做隔离，中间是菜地。菜地里可设置一个小型玻璃温室，为那些怕雨淋、喜热的蔬菜遮风挡雨，如西红柿。并不是每个观赏花园都得种实用的植物，但所有的花园必须满足主人的需求和偏好。如果你的花园仅仅是要体现某种花园的代表性特征，就必须一丝不苟地坚持它的设计风格。所以，从开始建造时就应该考虑好花园的用途。

现代时髦的农夫花园已经不像过去经典的农夫花园那样，必须有十字路或灌木矮林严格地分区划片。

左图：在经典的农夫花园里，宿根、夏花、香草和蔬菜被种植在矮灌木围成的整齐划一的方形区域内。

规整式乡村花园设计

1 象棋棋盘在古代花园设计中十分受欢迎。它看起来时髦且对比鲜明。方块里可种些麝香草，也可播种矮生的夏季花卉。这种设计适合面积比较大的花园里独特的区域，与周围环境形成对比。象棋棋盘不一定要有固定的格式，从乡村花园里划一个部分如此设计是不错的选择。

2 自然和严谨，是这个以草为主题的花园呈现出的效果。整个花床只种一种草，有种平和的魅力，较少的形式变换能使这种设计印象深刻。

3 四合院造型比较适合规整式乡村花园的设计模式。你可以如此设计，让人觉得这里是一个贵族的乡间别墅。高大的树行确定了花园的边缘，并给人以想象的空间。

4 石板和砾石路面这类元素属于规整式乡村花园。它们给花园赋予了一种不寻常的氛围，还可以安放一把供休憩的长椅作为搭配。

功能性和实用性

现代的规整式花园也十分注重建筑艺术，花园的设计要与房屋相匹配，既要现代又要实用。可惜我们在设计花园时经常会忘记这些。直角的使用，超现代的建筑材料，如玻璃、不锈钢和石笼墙（铁丝网里放石头做成的石墙，在欧洲十分流行）等，并不是现代规整式花园的唯一标志。现代的花园建筑还需注重功能性：合理利用空间——不仅给花园主人提供了全新的生活享受，而且经济上也能负担得起。刚开始看起来，设计这种规整

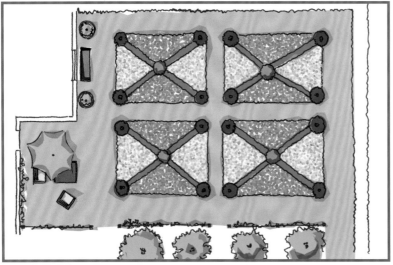

经典的规整式花园模式也可以在一个较小的空间里得以展现。

式花园好像比较简单，但真正要设计一个成型后效果良好的花园并非易事。首先需要确定花园面积，然后再设计花园。请不要被各种新型花园设备和设计专业词汇遮住了双眼，一个优秀的设计理念会把花园实用性和各种美感无缝衔接。这一点在设计不同类型的农夫花园时尤其重要：你是

想让花床看起来眼前一亮，还是想让花床便于劳作。农夫花园里一定要有种菜的地方，而蔬菜几乎每天都需要打理：有的需要浇水，有的需要除腐枝败叶，有的需要采收。因此，如果在你的规整式花园里也想种菜，在设计时就要兼顾实际的需求，这样建成后就比较方便使用。还有一点就是通往菜地的路要足够宽，这样可以方便载有堆肥的独轮车通过。

规整式花园是个风格独特的装饰品

一个只以观赏为目的的花园会更具吸引力。在这种花园里，仅仅是在某些特别的花床中种些香草，如鼠尾草或麝香草，作为花坛的边缘。与建农夫花园不同，在这种花园里，可以进行与某些单独区域相匹配的独特设计——如被矮灌木围起来的小地方，并种上相应的植物。若要让这类纯观赏性花园具有规整式花园的气质，宫殿花园是比较理想的模式。

规整式花园设计两个可参考的原则：一个是注重花园的功能性，并与房屋风格相匹配；另一个是把花园吸引人的亮点放在首位。

右图：白色和紫色的薰衣草被矮灌木篱笆分割开来——这种颇具年代感的豪宅花园的魅力在联栋房的花园里重现光彩。

原生态乡村花园

自然和乡村生活是联系在一起的。在大自然里，人们可以体验自然世界的魅力，忘记生活中的繁琐苦闷。在这里，我们的生活充满了乐趣。

纯朴的自然环境离城市的人们愈来愈远，因此成为了人们向往的绿洲。大多数人平时只能从电影和电视里去感受自然的魅力，去发掘那些原本在自家花园里就能体会到的自然之美。

万物之间联系的多样性让人着迷，这种千丝万缕的联系对外界的干扰十分敏感。生态系统的自我调节能力给越来越被重视的环境意识赋予新的内涵。越来越多的园丁们把自己的娱乐享受和对大自然的责任感结合起来。因而，花园的设计逐渐摒弃了几个世纪以来的传统观念：奢侈和浪费。变得更加质朴，亲近自然。

在自家花园里体会自然之美

千万不要以为原生态花园就是指一个放任不管的花园，它们是两个完全不同的概念。如果将一个花园放任不管，不仅新入侵的杂草会蔓延，现有的植物也会肆意扩张，如一些有生存优势的植物会长得更高，这样很可能导致品种多样性的减少。

与其他花园不同，原生态花园里只种当地植物，花园主人会尝试把大自然的某个局部"切割"下来，"复制"到自家花园里。于是，花园的面积、土壤特性和小环境成了需要考虑的主要因素。例如，假设花园位于朝南的山坡上，里面的植物就应以草类为主，这样会吸引大量的稀有虫类和其他小动物。

成功的原生态乡村花园设计必须充分了解花园的各种现有条件和环境因素，并合理地加以利用。这样可以把一些不足因素的影响降到最低，甚至将其转变为优势。拥有一个亲近自然的原生态乡村花园，不仅能提供一个高品质的生态园作为环保的绿洲，还能增加花园景观的魅力。

开花的海石竹，也是很吸引人的宿根。

在自家花园里发现自然的魅力

原生态的乡村花园不一定非要处于纯粹的自然环境中，也可以位于人口密集区域，抑或人口较少的地区。当然，纯天然未经修饰的自然环境只有在自然保护区才能见到。

每个花园都是人造的生活空间，并使之尽可能看起来自然。即使新建一个原生态的花园，人为的干预也是必须的。但如果能结合当地条件因地制宜，则可以影响后期干预的频率和程度（主要指花园护理）。比如用易护理、耐旱的品种替代因需水量大而必须额外浇水的品种。在黏壤土很重的地方种植花量大却不耐水涝的植物很难长好，种植需肥量大、喜潮的植物会更好。

自然的本质在于变化

英式花园中开满鲜花的花床，曾一直是全世界花园中闪光的楷模。后来德国设计师，如皮特·奥朵夫（Piet Oudolf）和佩特拉·佩尔斯（Petra Pelz），慢慢让大家喜欢上自然花园。在他们设计的花园中，那些不十分显眼，却一年四季有景可观的花床让花园更具有诱惑力。在这些花园里，宿根植物可以越冬存活，使其即使在冬季也能成为一道靓丽的风景。此外，

这些植物开花时还能吸引非常多的虫类和鸟类，如蜜蜂和蜂鸟等。花园土壤也无需经常护理，植物群落跟环境相处融洽，可减少化学植保剂的使用。我们可以把这种花园看成一个由不同的小型群落生境组合而成的大的生态群落。在这里，植物、动物和微生物互利共存形成一个生态平衡的群落。这样的花园不仅能提高生态质量，且有利于环保。即使你的花园并不是原生态花园，在设计时这些考量也是必不可少的。开始探讨乡村花园时，我想再强调一遍：花园从来就是一个人为的生活空间。

图左：坐在位于碎石上朝阳的木椅上，可以看到蜂蝶飞舞的花床和花床边的池塘，以及耐旱的地被宿根花丛。

理解了这点，在建花园时就会有更多、更新的创意。

建议：

在原生态花园里要注意可持续发展问题，如充分利用旧物品而不是简单扔掉；叶子尽可能留在花床里或做有机肥；修剪下来的灌木树枝可给小动物铺地；节约使用灌溉水等。

原生态的植物群落一般由一年生草花、宿根花卉和各种草类组成。

原生态乡村花园设计

无论在城市还是乡村，原生态的乡村花园都可成为理想的生活空间。如果选择了纯天然的原生态花园，那么花园里的娱乐和劳作就会变得与众不同。因为通常选择这种类型的花园不仅缘于对它的热爱，更多地是想尽可能积极地保护环境，爱护自然。原生态花园虽然也需要护理，但工作量并不是很大，只需较少的辅助性劳作即可。这个辅助性劳作主要指除草，实际上这些杂草都是对人类完全无害的野生植物，只是因为花园里没有位置给它们生长。其实这真的很遗憾，因为很多杂草也很美、很吸引人。在草地或自然种植群中，有些杂草长于其中反而效果更佳。

缀花草坪是乡村生活最美的表现形式。这种植物群落因结构轻盈、色彩鲜艳和并不复杂的自然特性，到今天仍然让园丁们着迷，他们开始反思传统的花床概念，并在实践中用植物编织出一个和谐的整体景观。

右图：蔬菜和果树可以很自然地互相结合，即使在原生态花园里，也可以享受劳动的成果——水果。

原生态花园中的木本植物

拉丁名	中文	树型	应用
Corylus avellana	榛树	直立型，株高1~7m	灌木树篱
Sambucus nigra	西洋接骨木	直立型，株高4~10m	灌木树篱
Prunus spinosa	黑刺李	横向扩展型，株高4~8m	灌木树篱
Cornus mas	山茱萸	直立型，株高4~10m	独立
Prunus mahaleb	马哈利樱桃	树冠开展，株高3~4m	独立
Ligustrum vulgare	女贞	高可达25m	灌木树篱

原生态花园也需要护理

放任花园杂草丛生，其实跟原生态花园没有任何关联。那种认为自然能够重新占领被驯化过的生活空间的想法是不对的。因为很多物种早就失去了竞争力，只有少量的健壮种类可以存活，如蒲公英、羊角芹、匍枝毛茛。放任不管的花园角落将被少数几个物种占领，但在原生态花园里，你会尽可能想保持自然品种的多样性。以下是一些花园护理的原则。

❑ 落叶留在花床里，冬季可以防冻，早春腐烂作肥料。

❑ 宿根的残枝留下，作为冬季的风景。

❑ 视具体情况减少或去除杂草，以免影响其他观赏植物。

❑ 匍匐茎类植物，如匍匐冰草等不用从花床里去除。它们并不是外来植物，而是属于这个和谐互助的植物群落。

❑ 杂草太多、太密的池塘必须清理，因为过多的水生植物对两栖动物十分不利。

打造原生态花园也需充分考虑地理因素。如在植被稀疏处生长着的宿根花卉。

很多久经考验的夏季宿根花卉，如光叶翠菊和香蜂草也十分重要。

如何打造原生态花园呢？以自然为榜样。自然并不是指杂乱无章，而是不同品种间均衡的相互作用，在设计花园时要以此为基准。即使在原生态花园里，也要适当地分割花园，充分利用有限空间。

你肯定还想在花园里安放个休憩的座椅或建一条贯通花园的小径。园子里的植物也要布局合理，不仅要位置适当，还要效果好。

现代风格的原生态花园能给人们带来乡村生活的气息。它们代表着创造和享受生活，是一种新的从善如流的境界。

花园规划

建议动工前将花床、小径和花园的其他部分都画出来。想看到花园的全貌最好在花园还没有开始建或刚开始构建骨架时勾勒，这样想改动还来得及。否则，必须不断完善细节，并在施工过程中从所有的角度看其效果。如果事先定好基调，完全有可能创造出一副令人惊艳的花园图片。

花草甸在野花、杂草和球根花卉地配合下流光溢彩。

自然而又现代

也可以用自然元素来装饰现代花园。一个十分优秀的例子就是Le Jardin Plume花园（位于距离法国巴黎西北方向100多千米处）：各种宿根花卉自然组合，并被修剪过的草坪路和果树群隔离开来，现代而和谐。如果想设计一个风格明确的现代花园，而又融自然因素于园中，这个设计方案就很值得参考。此外，即使在一个时髦的现代花园里，主人能时刻有着环保意识也是十分令人欣慰的！

就地取材

尽可能使用当地的资材。德国几乎随处可见各样的天然石材。当然，木材在原生态花园里用处也很多。购买时最好选择当地物种。如果住在乡村，就更容易找到素材了。

花园里的动物

1 鸣禽和欧亚鸟（知更鸟）一样喜欢亲近人类。它们都是食虫鸟，只有在树草繁茂的花园里才能找到足够的食源。在纯正的原生态花园里即使没有鸟巢，它们也能找到栖身之所。

2 益虫是以自然的方式对付害虫的工具，在原生态花园里可以充分利用这种天然生态链，如人们都知道瓢虫及其幼虫以蚜虫为食。

3 蜘蛛不仅每天在树丛和灌木丛里玩耍，而且对生态系统也有重要意义。它们能捕食各种虫类，同时自己也是其他鸟类和小动物的食源。

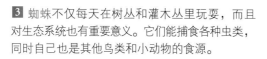

4 蜜蜂在原生态花园里很容易安家。除蜜蜂外，还有些少见的蜂类也喜欢这样的环境，它们有的过独居生活，在石墙缝中建自己的蜂巢。

5 刺猬很受欢迎，因为它们能吃蜗牛和其他害虫。这种食虫动物主要在夜间出来觅食，我们一般见不着——运气好的话有时在黄昏可以碰到。

6 两栖动物在有水的区域附近可见，尤其是繁殖季节，比如蟾蜍和愈来愈少的青蛙。青蛙发出的好听的呱呱声经常被周围居住的人们当成噪音而不受欢迎，或许这些两栖动物在你的花园里能找到栖身之所。

乡村花园设计

空间设计

乡村花园是许多人的梦想之处。在这个充满诗意的田园里，每天都会有新的发现。所以，应该在花园中为舒适的休憩处和露台预留些空间，便于更好地欣赏和享受这些发现。

无论是乡村里的花园还是城市里的花园，都是人们在奔忙生活之余的绿洲。我自己也有花园，对此深有体会：刚刚关上花园门，就已经忘记了身后的压力和喧嚣。乡村花园能给你的所有感官带来一种独特的享受，而这种享受在日常生活里很难体验到。蜂鸣嗡嗡，鸟语嘤嘤，搭配各种植物群落，确实是治愈日常烦忧的良药。

感受和欣赏花园之美最重要的地方就是花园的休憩处。这个地方可大可小：你的需求决定了这个未来最受欢迎的地方的位置和配备。我并不赞同规划时过于墨守成规，但如果休憩处建于离房屋近的地方会比较实用，这样在花园吃饭或与朋友聚餐时，从家里拿饮料和食物会更方便。当然，在花园里离房屋较远的地方也一样能找到很棒的休憩娱乐之处。一个小圆桌，几把椅子，或再加条长木凳，摆放在树荫下也可以成为欣赏花园的最佳位置。

花园休憩处的摆设与花园的大小有关。花园越大，休憩处就可以放置更多的东西。靠近房屋的露台可以打造成家庭休闲娱乐的舒适场所。

给充分享受花园以多种可能性

花园的地面不一定非要用石砖或木头等铺就，有时愈简单愈好。一个凳子或几把椅子配上易装的简洁家具，有了它们，便可以在花园里轻松创建各种简单的格局。

并不是所有人都希望一直待在花园的同一个地方，偶尔能独自一人在野外欣赏美景，喝杯咖啡，看看书，也十分惬意。这时待在一个小的休憩处比在大的露台更舒适，空着的椅子总会给人不太舒服的感觉。

不仅是人类在乡村花园里感觉舒适。

花园休憩处

在规划花园休憩处时，现代乡村花园的几种类型会对你有所帮助。在设计和选择资材时，可以确定几个典型的特征。

虽然如今人们的生活水平已大大提高，但拥有自己的花园仍是种奢侈，并非所有人都能享受。所以花园的休憩处更应该仔细规划，使没有限制地享受花园之乐成为可能。仅仅留出一个空间，再放几件家具是远远不够的。

花园整体风格决定了休憩处的格调

这本书并不全是详细讲解如何设计乡村花园，还会介绍如何让花园适应乡村的情调。休憩处既要注重摆设，又要注重氛围，就像装饰房屋一样，最重要的是它的空间元素。在规整式花园里可以很容易地创建空间，因为这里的规划与室内差不多。休憩处的格调必须与花园的整体风格一致，成为花园的一部分。

有机形状的运用创造出新的意境

置身于一个亲近自然的乡村花园的感觉是很特别的。通过非常规的基建和有机形状的应用，每一条通往休憩处的小径都

被植物环绕的花园凉亭可以让主人在花园里无忧无虑地享受一顿自在的晚餐。

可以是一个发现之旅，总能发现新的视角。在这个花园里，人也是花园整体的一部分，花园的主人也成了参观者。此外，为了看起来更有趣，一般还会在花园边缘建个接近自然的池塘或草坪。自然式花园也可以有严格的形式，如果想拥有一个比较正式的花园休憩处，也很容易做到。边和角并不影响花园的自然性，而且一个花床是正规的四角形还是其他形状，对花园生态系统没有任何影响。

左图：将椅子安放在花径的末端，便于欣赏全景。边缘花坛美得令人钦佩，成为眼球追逐的目标。

经典形式

花园休憩处的形式与其在花园的位置密切相关。从实用性来讲，休憩处应该仅限于两种类型：圆形和规则四角形，如正方形和长方形，其他的一切都是噱头而已。规则四角形的休憩处可以位于花园的边角，而圆形的休憩处则必须位于花园的中央，因为其周围得有足够的空间才能达到好的效果。

就像住在乡村一样

规整式花园在历史上曾经很长时间都没有休憩处，那时的花园要么是纯粹的观赏花园，如宫殿花园，要么是功能性花园，如满足食物需求的农夫花园。如今情况已发生了很大的改变，花园休憩处和露台成为每一个正式私家花园的固定组成部分，甚至成为花园主人规划花园时首先考虑的要素。设计休憩处时要遵循空间隔离的原则，或者要配置一般来说只有在厨房或起居室才有的设备。通往休憩处的路径短一点会比较方便，如果路径

休憩处的木椅十分吸引人。

较长，也可以在较远的地方再设计一个休憩处，只需条板凳或和位置相配的桌椅组合即可。

通过植物和资材来营造乡村氛围

乡村气息是通过在花园的中心轴周围种满植物和添置一些具有乡村原野风格的装饰营造的，而这些装饰在城市花园里很难见到。

一个密集的植物隔离带可以形成隐秘的空间，乡村的氛围在这个隔离空间里自由传播。树木，如欧洲鹅耳枥，很适合用于隔离。这种枥树耐修剪，而且很容易适应花园的各种尺寸。如果主人不愿修剪，喜欢让植物自由生长，可以考虑大灌木，如榛树和火枫，阳光充足的地方也可用沙棘。较大的开花灌木，如紫丁香、西洋山梅花或观赏樱花也可以用于这类风格。

右图中花园场地的分割十分灵活：分成靠近房屋的露台和被山毛榉树篱隔离开的上花园两部分。通过圆形的修剪绿植，使露台显得更舒适温馨。地势的提高使花园变得更立体。以明亮的细砾或天然石块铺成的石阶让乡村花园更加纯朴自然。

右图：这是一个很好的例子——如何在规整式花园中制造轻松的氛围。从家往外看，十分有意境。

乡村花园中理想的日光浴场包括：木甲板、草坪和有效的隐私隔离。

规整式乡村花园

规整式乡村花园的设计灵感不一定非要从以往的范例中寻找，特别是现代的花园设计有着更严格的要求，花园主人更希望寻求一些更为简洁的形式和新型的材料。

人们开始寻找崭新的设计灵感，将完全不同的花园形式揉和在一起。本页的图片就是一个成功的例子。花园休憩处的椅子上布满绿草，成为草地的一部分，椅子四周被用柳条编织的视觉隔断包围起来。充满现代感的休憩处设计与具有复古格调的柳条隔离搭配在一起，形成现代与传统的冲击。这种现象看起来很有意思：现代和传统，这两种互相抗衡的形式组成一个和谐的整体，并且使用超现代色彩和形式演奏出乡村风情的交响曲。这种柳条篱笆曾经在很多地区被广泛使用，并在过去几年又慢慢流行起来。它能保持很长时间，特别适合乡村风格的花园。

草坪穿插于花床之中看起来也很有乡村风格，看似缺乏边饰或围栏，却正好成为了规整式乡村花园的标志。休憩处位于现代的纯木甲板上，是夏天休闲娱乐的最佳场所。也可以从甲板转移到草地上，自由地在阳光下或阴凉处享受悠闲时光。四周的隔离可以给你提供一个不受干扰的私人空间。

这个花园按照英国村舍花园的样子种植了很多植物，既现代又别具一格，如此才有乡村花园的气息。

这个休憩处里的设计元素都十分引人注目。混凝土浇灌的彩色立方体，被整合到用土填满的金属筐之间，筐的侧面和上面都种有草皮，看起来十分精致，像个现代雕塑。实施此类想法需要一定的动手能力。这个"雕塑"一旦完工，可以像有滚轴的沙发一样挪动。当然，这个艺术品只有在阳光、水分充足的地方才能健康成长。因为草需要阳光，垂直表皮需要每天浇水。

现代花园设计遇上村舍花园气息

现代花园资材的多样性搭配村舍花园植物的多样性。配有舒适沙发的室外休憩处位于绿地的边缘，这个边缘以纯木栅栏为隔离标志。只有在绝对平坦而且有墙壁的边界，才有可能如此近距离的打造一个舒适的休憩处。路径表面可以铺木板或平整的天然石板。

花床能带来真正的英国村舍花园气息。上图的花床中开满了芍药、蓍草、风铃草以及一些简单的宿根花卉，繁花似锦，艳丽惊人。

地面

1 鹅卵石铺上后很有乡野气息，和花园的小碎石搭配起来效果也很好。石缝中可种上芳香类的矮生宿根如麝香草、艾蒿等。这种搭配适合装饰小块地或停车场，但不太适合安放座椅，因为地面会凹凸不平。

2 碎石路由许多不规则的碎石组成。深色的玄武岩石和板岩砾石不是常见的铺地石头，但很适合做地面。把它们填在有边框的石阶里，既简洁又高贵。

3 木板铺成的小路看起来很温馨，还可以赤脚踩在上面，但注意要选择能经受风吹雨打的木材。

4 小石砖也适合铺路。石砖间的连接方式会影响座椅的舒适性。较小、较厚的石砖比大的石板连接起来更容易，而且形状变化也更丰富。

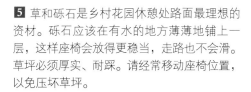

5 草和砾石是乡村花园休憩处路面最理想的资材。砾石应该在有水的地方薄薄地铺上一层，这样座椅会放得更稳当，走路也不会滑。草坪必须厚实、耐踩。请经常移动座椅位置，以免压坏草坪。

整体中的局部

在规整式乡村花园中，休憩处不一定非要位于花园的正中央，如下图的花园中，休憩处就被设计在了不显眼的位置。此外，在这类花园中，类似公园般的设置和植物也必不可少。当然，这需要花园有足够的空间才行，只要有200平方米，就能创造出一个有说服力的伊甸园，让你体会到古代贵族大花园的感觉。达到如此效果需要注意几个基本原则。

❏ 减少色彩。在选择植物和资材时都要注

木材和老树的搭配结构清晰。树旁的凳子是传统的座椅休憩处。

意这个问题。色彩斑斓的花床容易吸引目光，但会使人们转移注意力，从而忽略了欣赏花园的整体效果。引人注目的彩色地砖也会有类似的影响。

❏ 运用一致的，甚至轴对称似的基本设计思路。这对小花园来讲可以达到令人惊奇的效果，还有助于更有效地利用空间。

❏ 将休憩处设计在靠近房屋或除了花园

中央外的某个地方。大露台会占据较大的空间，吸引较多的关注，但如果紧挨着房屋，则会被人们视为房屋的一部分，而更多地去欣赏花园的整体效果。

❏ 小的休憩处，如一张长凳或一把椅子很适合花园中裸露的地方，如作为花径的终点就十分合适。

❏ 如果铺地材料（砖块或石块）的颜色与园中路径的色彩相配，整个花园会看起来更融合。

花园风格的确定取决于花园的功能

人们通常会由于偏爱某种特定的外观，而影响了花园的整体设计风格。其实，无需过多效仿别人的花园，而应更注重个性化定制，以便能给自己的花园确定一个合适的风格。

正如右边这个花园，花园风格的设定，首先是为了满足某种花园功能，同时也实现了园主内心所追求的理想形式。它在表达形式上是传统而保守的，却看起来高贵而独特。在这个花园里，惬意的休憩处使花园主人能够舒适地欣赏花园之美。

右图：休憩处的形式应该和花园整体风格相匹配。在规整式乡村花园里，长方形的露台既简洁又大方。

小花园的创意

乡村风格的花园和田园风格的花园有一定区别，但两者通过平稳过渡又可以互相组合在一起。如此，就为你在花园设计上提供了更自由、更个性的选择空间，这一点对小花园十分重要。很多专业设计师在设计小花园时有着固定的思维，特别是乡村风格对小花园来说很占空间。但是，正如前面几章介绍的，可以通过合理地选择花园家具和配件，以一种相对简单的方式来解决这个问题。在选择花园资材时也请花费跟花园设计一样多的时间。最终，这个选择的过程不仅是一种挑战，大多数情况还能带来快乐。

小花园的休憩处

拥有小花园的主人如果喜欢经典的规整式乡村花园风格，设计一个如下图的休憩处就很不错，它甚至可以位于房屋的后院或连栋房的花园里。从这个休憩处出发，路的侧翼是被矮绿篱笆隔开的英国村舍花园式的花床。休憩处的地面铺上天然石砖，使其略高于花园平面，石砖的颜色跟护墙石的颜色也很融洽。种有高茎绿植的容器强调了规整式的花园风格，它们在台阶两侧还可以遮住部分后面的房屋。

花园家具也能吸人眼球。这个石凳更多的是一个装饰品而非休憩处。

带有乡村风格的正式内院

另外一个如何设计小花园的案例如上图。你同样可以以这种方式设计内院或一个封闭的花园。地面不用草坪看起来更有装饰性，中央有一小块砾石区，四周有许多方形的百里香小花床，这是很多英国贵族乡村花园的常用设计。百里香的香味和被太阳晒热的石板散发出的味道相互作用，使空气的味道更加迷人。这种植物需要很多阳光，喜贫瘠的土壤。

如果花园没有围墙，可以用高的绿植篱笆或相配的人工板条篱笆替代，然后往上牵引有香气的攀缘月季或金银花。篱笆前面是被黄杨围起来的花床条块。石凳放置在花床中央，大气又美观。如果没有石凳，花园会显得不自然，而且好像是在驱赶人离开似的。

左图：即使在小花园里，也可以用简单的方法营造乡村氛围。

大不能代表一切

那些认为乡村花园就一定需要很大面积的观念是错误的。如果你喜欢乡村风情，在小花园里也可以做到。花园越小，家具及其配件就越重要，因为它们会体现花园的整体风格。在挑选家具时，尽可能选择与花园设计风格相配的类型。它们会非常吸人眼球，并可作为花园氛围的营造者。

花径

1 石板和水泥交替铺设是不常见的现代花园路径铺设方法，适合于小花园。

2 草皮路属于任何一块草坪。生活在有草的空间，与它们近距离地接触，是一种特别的享受。

3 较正式的花径需要搭配较正规的铺路。小石砖因其不醒目的颜色适宜所有风格的乡村花园。从规整式到自然风格，它们的表现总是令人信服，而且极其耐用。

4 花床之间的草皮路曲折蜿蜒，动感十足。但是这种引人入胜的动态路径设计在实践中很难实施。

5 砾石路径中可穿插几块石板或其他自然的资材，如木材等。这种多样性的设计在古典花园中很少见，却十分适合现代花园。这里你可以随意想象，同时也要注意各元素之间的融洽和谐。

6 拼图路径虽然费力却很有意思。对喜欢古典花园的人来讲，手工打造才是重点。可以选择颜色相配或对比强烈的资材。无论如何先画个草图，这样能保证有一个连贯的开端和结束。

悠闲自在地生活在自己的花园里

在亲近自然的乡村花园里，你可以拥有整个世界。在这种花园里居住生活，是如此放松舒适。这里，休憩处有着重要的作用。一方面，它能在适当的地方创造一个全新的视野欣赏花园。另一方面，它能让你在一个亲近自然的生活空间里放松休息。热爱自然的人肯定希望拥有这样一个憩息之处。自然式花园的中心不是人，而是自然。幸运的是，你不必将大自然已有的某种空间100%复制，而

在自家花园的大自然怀抱里放松休憩，那感觉简直无与伦比。

只需将典型的、具有乡村花园特质的元素复制到屋前，便可充分感受大自然的气息。这里可能有古老的果园。此外，生活在附近的动物也很重要，如七睡仙（俗称"食用睡鼠"，啮齿目动物）、榛睡鼠、纵纹腹小鸟以及很多鸣禽类。

果园——文化和生活空间的统一

花园里的果园无论大小都能让主人心情愉悦，并且收获美味的果实。如果运气足够好，还能在花园里发现几棵老果树。五六十年代建造的花园里，总会有一棵或多棵可以利用的老果树。即使在不足100平方米的空间里，混有滨菊的草坪，搭配乡村风格的家具和果树也能打造出田园诗般的乡村花园。座椅可以按需安放在草坪中间，可以很轻松地移动位置，以便能在阳光下或遮阴处享受花园时光。大面积的铺砌区在亲近自然的花园里不会出现。如果想要一个富有情趣的休憩处，可以铺设可渗水的地板，如砾石，或搭建挡水的顶棚。健壮的果树或其他结实的树木特别适宜做吊床，这种类型的休憩处受到自然爱好者的特别喜爱，因为在这儿休憩几乎不受外界干扰，而且吊床不仅不占地，还很舒适。

右图：吊床可以营造出温馨的乡村氛围，并且不占地方，但需要两棵结实的树木来固定。

阳光露台和遮阴处

如果花园面积够大，多建几个休憩处会更舒服。当然，首先必须考虑居住实用性。能够在阳光下或遮阴处有个地方休息是很美的，这让在花园里停留变得更舒适。如果夏季树荫下的休憩处会让人感到清爽怡人，那么露台屋檐下的燥热则会让人觉得简直是两个世界。在花园不同的地方留出几个富有变化的休憩处，这在设计花园时就要考虑到。

在亲近自然的花园里，草坪中间或被宿根花卉群包围着的夏日露台特别得宠。

下图的例子可以看出，它们的组合是多么和谐，而且出来的效果也动人心魄：仿佛置身于一片花海中。所以说，休憩处不一定非要处于草坪中或紧挨着房屋。想象一下，坐在一张华丽的花毯里，比坐在沉闷的草坪上要美多少倍？

简单的宿根花卉，强烈的色彩对比

下图中使用的宿根植物，都会在夏季开花好几周，所以色彩会一直保持丰满。花层繁茂的布劳阁林下鼠尾草、老鹳草、布兰德草以及各种观赏草特别适合花园中的缓坡地。最好不要种在树荫下，因为缺少阳光不利于这些喜阳宿根花卉的生长。

这里没有人工遮阴处。因为当想待在阳光下时，能找到个有阳光的休憩处，才是真正有吸引力的。当然，不是一定要在烈日炎炎的正午来此处休憩，最好是在午后或黄昏，当花儿正闪耀盛开的时候。

休憩处的大小可以根据周围环绕的植物而定，必须设计前就想好：是植物，还是休憩处占主导地位。如果你会想：我该如何从鲜花环绕的休憩处中走出来？那你就错了……

修整过和没修整过的草坪对比布局，更有乡村氛围。

草坪并非必不可少

在某些花园里，没有草坪反而会打开一个崭新的视角。只有当你准备好把传统理念统统抛开时，才会创造出独特的花园景观。我鼓励大家一定要勇于尝试。即使有草坪也不一定非要规划统一才好看，如右上图。在半阴或全阴处草坪发育得并不理想，经常会有野草或苔藓长于其中。在自然花园里，果树下的草类会长得很茂盛，只需在夏季割一次草，树下会因此留下一个未修剪的圆盘，刚好给可移动的折叠椅腾出了地方，一个新的、舒适的遮阴处因此而生。

用砾石替代草坪，并穿插种些耐旱的花卉，会吸引很多小动物。在这块干燥的区域观摩小动物来来往往，是件很放松的趣事。

找到自己的风格

可以学习和借鉴的地方很多，但个人喜好是最佳的导师。在设计花园前，建议先做一个包括所有路径和休憩处的拼贴画。也可以参考杂志、图书里所有喜欢的地方，做一个详细清单：植物、资材、家具和配件。当把所有的素材都贴在一张纸上时，就会一目了然：哪里合适，哪里必须重新设计规划。

左图：现代的宿根花床很适合乡村氛围，能大面积种就不要犹豫。

家具的搭配风格

无论是原生态的乡村花园，还是现代的规整式乡村花园，不同风格的花园需要搭配不同类型的资材和家具。在购买前，要想好这些设备的实用性。可能自己很喜欢的花园家具，却不一定实用。如果把花园当作居住空间，在配备设施时也应注意这一点。其实，如果看一眼起居

洁、舒适的氛围。就像在家里一样，花园中除了座椅之外，也需要一些装饰家具，使整个花园景观更动人。

根据花园面积选择家具

花园无论大小，最好都有能坐着休憩的地方，让人在那儿可以舒适地享受花园时光。如果是一个大家庭的花园，就要有张大桌子，周围配上足够的座椅。如果是一个人或两个人的花园，而你也不想在露天进餐，那么放两个躺椅就可以了。在很多城市里，经常可以看到人们在房屋入口或前庭摆放几把椅子，可是几乎没人坐，仅仅是个装饰摆设而已。如果是雕塑类，因为本身就是装饰品，倒也无可厚非。但即使仅仅是一个普通的椅子，上面放些花盆，花盆里开满向上攀缘的鲜花，将其缠绕在栅栏上也十分吸引人。

在这个有各种座椅、躺椅的休憩处驻足真是一种享受。

室，就会知道：这儿也不是所有的家具都很实用——桌子太小，柜子空间不够，座椅并不总是很舒适。但还是喜欢它们的存在。不同材质的家具可以营造出不同的氛围，如设计时髦的铁艺家具，能营造出简

右图：乡村生活有着田园诗般的乐章，对城市居住者来说就是天堂。花园里的家具可以十分简单。

装饰性多于实用性的木质沙发扮演了花园雕塑的角色。

埃德温（Edwin Landseer Lutyens，20世纪英国建筑师的先导，被视为英国最伟大的建筑师）设计的长椅对多数花园主人来讲都是个完美的例子。

很少或偶尔用一次的家具，没有必要十分舒适，如花园里的木凳或高脚椅。复古风格的家具，能给乡村花园带来无可比拟的情调，摆放的地点和方式可不拘一格，如某个可以让你尽情欣赏整个花园美景的地方，或某个你认为不可或缺的特殊地方，当然也可以在某个舒适独处的地方，如树荫下。

无论如何，家具的选择和摆放的地方都要符合设计美感。在一个小露台上摆一大群硕大家具就很不应景，因为家具的大小和场地的面积必须相符。当然，萝卜白菜各有所爱，与室内装修一样，花园装饰也没有黄金定律。

空间感起决定性作用。由于人们不同的居住习惯和对舒适性的不同理解，这里只能简要阐述打破空间感的基本准则，让你在选择和安放家具时更加容易。在设计花园时需要考虑。

❑ 你经常坐在花园里吗？
❑ 在花园里放松心情和吃饭哪个更重要？
❑ 有多少人会在这儿休憩？

右图：好看的休憩处可以放在任何地方，甚至在有花的蔬菜花园区，也可以享受短暂的放松。

家具的材质及搭配风格

材质	搭配风格
不锈钢家具	现代型
硬木家具	所有类型
塑料家具	现代型
铁艺家具	传统型和经典型
柳条和藤条家具	经典型和自然型

❏ 花园会被分成几个单独的空间吗？如果是，你是否会经常停留在这个空间，每次停留多长时间？之后就可以列一个优先购买清单，这对挑选家具很有用：如果某个角落你很少去，就没必要在那里安放一群休息椅。

❏ 要不要买轻的、便于运输的家具，这样便可以在花园里随意移动它们。例如躺椅不一定非要放在露台，完全可以哪里有太阳就放哪里。

层，即便遭受风吹雨打、日晒雨淋也不会轻易坏掉。在传统型的乡村花园里还会出现一些老式家具，因为它们能创造一种怀旧的风情，让梦想中的乡村生活更加接近现实。

选择家具前要多斟酌

如今，人们在选择花园家具时已不仅仅满足于家具的舒适性，设计和材质也成为挑选的标准。这些家具通常都涂有防腐

花园硬件设施

乡村花园是自由天空下的居住空间，为了达到这种效果，它的结构必须十分优化。花园的硬件元素对打造较好的结构极其重要。

乡村花园与其他花园一样，是由很多不同部分组成的聚合体。这其中多数人首先想到的是植物，事实上植物也的确是体现花园风格的字符。无论繁荣茂盛或简约抽象，色彩斑斓或简单明了，植物总会最直接地影响花园的风格，它们就像壁纸或墙面的颜色一样影响着周围的氛围。但在任何花园的初步规划中，植物都不是最重要的，最重要的是花园的硬件元素，如栅栏、篱笆、棚架等。它们在规划阶段比植被更重要，因为它们决定了花园的空间结构，决定了花园所要展示的空间感，还决定了花园的舒适性。

件元素所扮演的角色。很遗憾，很少有花园主人意识到硬件元素独特的魅力，而在设计时只考虑其实用效果：想要隔离，就在绿地边缘建个隔离篱笆。想要个能遮阳挡雨的休憩处，就建个类似车棚的框架。或者在草地上不是建花园小屋或亭子，而是直接盖个房子。

其实你完全可以在不增加很多成本的情况下做得更好。同时，在设计花园时，还要注意花园硬件元素与房屋的搭配。如果你的花园十分引人注目，日后你也会更喜欢这个花园。

花园硬件元素是花园风格的最佳表现者。

在装修时改变也是可能的

如果你不太满意现有的花园风格，可以通过对花园中某些硬件元素的改变来优化花园结构，使其达到令你满意的效果。

这些硬件元素对花园设计十分重要。左图来自一个花园展示，它充分表明了硬

空间限制还是视觉隔离

花园硬件元素决定了花园的氛围。例如花园隔断不仅是分割花园必需的，而且还会给花园带来实际的视觉效果。周围的草地、田野、树木和房屋代表着乡村生活，当然也应该把它们也融入花园设计之中。

当你想把乡村花园梦在居住区或城市实现时，只有一种方法：隐藏环境。假如周围的环境与乡村风格不符，那么，如果不将其隔离开就很难真正实现想要的乡村风情。如果有个小花园，并用篱笆等将其与周围环境隔离开，便可以在篱笆内创造一个近乎完美的田园诗般的乡村花园。

不仅要分割，还要衔接

建造有地区特征的篱笆、栅栏或矮墙隔离的最初目的是防止动物闯进来破坏菜园和花床。当然这些必备的障碍物也可以很美观，在有些乡村花园里就出现了特别漂亮的木栅栏，它们最初是由花园主人自己加工建造的。因为这样在栅栏腐烂或被破坏后，主人能很容易地修复。在以前的乡村，如果要等好几天去修复栅栏后果是不可想象的。因为这样的话，兔子和鹿等野生动物会早已把园里的庄稼和蔬菜啃光了。

由石柱支撑的栏杆可在充满古典风情的乡村花园里用于空间隔离。

从篱笆到视角隔断

篱笆内的乡村花园已经愈来愈少。当越来越多村庄聚集在一起时，生活功能也更加专业化，自给自足的家庭逐渐消失，随着时间的流逝，古老的村庄概念也正在慢慢消亡，但是由于在自家花园里亲自播种、耕耘、收获，能给人们带来无限的乐趣，乡村花园在今天又开始流行起来。

以前，无论是英国村舍花园还是农夫花园都没有视角隔断，村民间的交流在当时十分重要，人们不愿被人为的围墙或矮树篱阻扰隔断。大家积极地参与村舍集体活动，不愿因为私人绿地而远离集体。在私家花园独享安宁，是现代人的想法。所

以现代居住花园的构建也就完全不同了：视角隔断代表着居住质量，因而也被规划在花园设计之中。现代花园主人将花园作为放松和恢复精力的绿洲，并且大多不愿在邻居的眼皮底下做这两件事，所以视角隔断成了奢侈的必需，因此请你把它融入花园设计之中。这时注意不要犯以下错误：先把绿地建得密不透风，再想起该如何设置隔断。应该正好相反：在开始设计花园时，就先考虑想要达到什么效果，然后再考虑在什么地方建造什么类型的视角隔断。

虽然花园整体给人以现代的感觉，但木栅栏还是创造了充满乡村气息的舒适氛围。

左图：现代、古典和自然——三种风格融于一个花园设计之中：通过由传统石材构建的现代墙壁而成为可能。

入口和拱门

1 柳条拱门可以自己制作，安放在原生态的乡村花园里成为华丽的设计元素。与稻草和板条栅栏搭配起来很自然，而且都很耐用。

2 白色或彩色的木栅栏用于入口很美，还可以作为乡村别墅前庭的装饰品。白色木栅栏最好搭配色彩斑斓的开花植物，否则会看起来索然无味，也不好客。

3 铁艺花园门特别受欢迎，因为它看起来很复古怀旧。铁艺门与木制门框或砖门框搭配起来效果更棒。

4 铁艺元素几乎可以与任何木栅栏搭配，比如左图这个废铁作成的门。有很多工作室专门提供这类别致的花园"艺术品"。

5 造型规整的花园铁门让人联想起皇家花园。这种规整、正式的隔离元素比较适合大块绿地，不适合农夫花园。它和稀疏的植物搭配能让花园更具有乡村气息。

6 砖墙作为花园间的通道或隔断都十分合适。任何爬墙植物与它搭配都很和谐。

空间划分及其作用

在乡村花园里谈论空间隔离，似乎有些奇怪（乡村花园是开放的呀），其实这里主要指空间的划分及其开放性。因为居于城市的花园主人首先想把花园作为自家的独享空间，从而与邻居的花园隔离开来。他们认为只有这样才能创造出乡村花园的氛围和假象。此外，乡村的大型花园通常有不同的功能区。它常被分为规整式花园区、实用区，如菜园、果园等。在过去的100年中，越来越多农夫花园里出现了美丽的观赏花园。这些都是源于对花朵的热爱。

布满常绿植物的规整式花园作为面积较小的后庭也很合适。

但是，如何打造这些空间呢？这不仅是简单的垒墙或建矮篱笆，更多的是如何通过这些硬件元素，合理地划分花园空间。

篱笆、棚架、凉亭、宿根群落……都是理想的花园视觉隔断元素，使人们无法轻易窥探到花园的全貌。这时人们很自然就会好奇，它们背后藏着什么呢？这会使你的花园充满神秘感。

即使一个简单的空间隔离也可能十分重要

同一个花园如果分成两部分会更有设计感，即通过空间隔离把花园分成高低两个平面，彼此之间用矮灌木篱笆隔离，并由一个通道衔接。当然这两个空间不应该被一人高的篱笆隔开，低矮的隔断也能起到很好的隔离效果，如右图。如果空间有限，除了配备现代的设计元素，还应该考虑花园整体的层次感。

右图：现代风格的花园搭配古朴的乡村花园元素，如果树、木质家具，让人感觉明亮舒适。

栅栏、矮树篱笆和墙

隔离花园空间的方法很多，这时要考虑的不是纯粹的空间隔离，而是隔离后的效果。铁栅栏和塑料制品并不适合乡村花园风格。尤其是铁栅栏看起来很不好客，与周围的植物和资材搭配也不和谐。

还有很多手工木制的视觉隔离元素，虽然看起来很有乡村风情，但跟乡村生活没有任何关系。只有通过简单加工的木桩制成的栅栏才有乡村的气息。栗树木材做成的视觉隔离栅栏很牢固，隔离效果也好。

细枝条木栅栏如果不是专业编制的，一般不会十分坚固，而且达不到要求的高度。柳条编制的栅栏很美，而且颜色深，作为色彩斑斓的宿根群或夏季花卉的背景会十分融洽。

矮树篱笆形成和谐的空间构造

耐修剪的矮树篱笆在乡村花园里比较常见。最传统的矮树篱笆是山楂篱笆。因为它容易修剪，而且食草类动物也不爱吃它。欧洲山毛榉和欧洲鹅耳枥也是很好的篱笆植物，特别适合在小花园里做窄而高的篱笆墙。如果想要四季常绿的植物，紫杉是最佳选择，即使在冬天也能有视觉隔离效果。

比较时髦的现代篱笆植物有金钟柏、桂樱等，但我不推荐，因为它们在乡村花园里的效果并不理想。最后，墙是最坚固的隔离形式。砖墙或天然石头墙在较小的绿地上也能创造一个完美、舒适的花园空间。但是在德国砌墙必须提前申请建筑许可，同时还要打好地基以保证墙的牢固性和避免静电问题，所以无论是材料，还是建造工艺都比木栅栏或矮树篱笆贵很多。但是它的效果很棒，还不透风，能给花园休憩处创造一个安宁的港湾。

如今用钢板、水泥或塑料作成的视觉隔离也很受欢迎。

最佳视觉隔断清单

在计划建造花园之前，请冷静地思考。

❏ 花园是否足够大，并可以容纳不同的视觉隔离方案？

建议：花园面积较小时不要使用过多的资材，这样会对整个画面产生负面影响。最好仅用那些具有经典乡村花园特征的元素和资材。

❏ 视觉隔离的形式是规整的，还是自然的？

建议：在三种花园风格里都可以用规整或自然的元素，正规修剪的矮树篱笆和整齐的木栅栏既适合现代的规整式花园，也适合经典的德国农夫花园。即使是由天然石块砌成的不规则石墙在现代花园里也很融洽，虽然它属于传统花园的元素。

❏ 视觉隔离和空间隔离哪一个更重要？

如果是后者，隔离的高度可以低些，也可

左图：砖墙和绿篱完美地结合在一起。绿色明显缓和了老墙"拒人千里之外"的效果。

以不考虑密闭性。

❏ 完工后还有时间和精力去完善视觉隔离吗？

木材必须经常护理，矮树篱笆每年需要两次严格地修剪。如果修剪量很大，还要配备电动修剪设备。

乡村花园的矮树篱笆品种

拉丁名	中文名	适宜地点	叶色
Buxus sempervirens	黄杨	阳光–遮阴	常绿
Carpinus betulus	欧洲鹅耳枥	阳光–半遮阴	中绿
Crataegus monogyna	山楂	阳光	中绿
Elaeagnus commutata	茉萸	阳光	银灰
Fagus sylvatica	欧洲山毛榉	阳光–半遮阴	深绿
Fagus sylv. Purpurea	紫山毛榉	阳光	常绿
Ilex aquifolium	冬青	阳光–遮阴	深红
Ligustrum vulgare	女桢	阳光	深绿
Taxus baccata	紫杉	阳光–半遮阴	常绿

城市花园里，木栅栏和紫杉组成的视觉隔离看起来既现代，又富有乡村气息。

花园内部空间隔离

很多花园主人会利用墙、栅栏或矮树篱笆来制造视觉隔离效果，但是更令人兴奋和最重要的却是花园内部的空间隔离，这种隔离不以隔离视觉为目的。德国农夫花园就是一个很好的例子：用较低矮的边缘植物以最直接简单的方式分隔花园里的不同空间。用矮树篱笆来分隔"花园小房间"，第一眼看起来很荒谬，但实际效果却十分令人信服，因为这样能将某些植物或劳作空间隔离开。实用性隔断跟贵族花园里的绿墙篱笆完全不同，这里首先考虑的不是观赏性而是实用性。那些仅仅为了装饰而建的矮树篱笆或视角隔离墙，经常会在后来被证实不实用而让人恼火。

单独区域创造新的意境

花园必须分区。如果已经确定了露台、花园和草坪的位置，就要想想是否应该把它们隔离开，此外还要考虑合理地利用绿地面积。如果花园长而窄，隔离区最好前后相连，这样可以创造出一连串的惊喜，这也是花园硬件元素的作用——能制造一种视觉转换，也可避免一眼就把花园所有景色尽收眼底。

天然石块砌成的墙也可以用于现代的设计理念。蔬菜和香草混种在被隔离的花园空间里。

蔬菜床和碎石路被传统的柳条篱笆隔离开，是一个很特别的设计方案，既适合经典花园，也适合传统花园。

较低矮的隔离带也可以分隔花园空间

如果不想100%的隔离视线，又想把花园空间分割开，使用较低矮的隔离带是不错的选择。因为过高的隔离元素可能会遮挡部分阳光，不一定对花园有利，例如过度遮阴会限制某些花草的生长和繁殖。

合适的花园隔断能产生令人惊讶的效果，这里针对每种花园风格都有相适宜的隔断方案。并不是所有的隔断都要用矮树篱笆，也可以用那些不需要严格修剪的植物，或由砖块、石头砌成的矮墙，以及较低矮的木栅栏。但在同一个花园空间里最好使用一种隔离模式和材料，这样整个风格会更协调。

色彩效果

不同资材打造的花园隔断，会产生不同的色彩效果。由耐候钢（一类合金钢，在室外放置几年后能在表面形成一层相对致密的锈层，因而不需要涂保护漆）和塑料组成的颜色较深的视觉隔离墙色彩比较冷淡，看起来拒人千里，而由木栅栏或柳条篱笆打造的隔离墙色彩看起来就比较温馨，更吸引人。此外，环境也十分重要，所以选择资材时必须十分精心。

透视而不透明

这本书不仅适合居于乡村的花园主人，还适合那些身处城市，却想营造一种乡村氛围的花园主人。说到花园隔断，各式各样的栅栏占据了很重要的位置，但在传统的乡村，栅栏很少见，早期的隔离基本都是用的矮树篱笆和石墙，因为这两种隔离方式很容易实现，当地的矮树植物和鹅卵石都可就地取材。但在城市仅运输石头的成本就很高，而且有时这种乡村效果并不一定适合城市的建筑。类似的还有由短枝编制而成的乡村木栅栏，它们看起来总是很不整齐。

这个木栅栏看起来便利、简洁。

手工或批量生产的铁栅栏或木栅栏适合任何风格的花园，只要花园不在乡村即可。想在居住区设计一个有意思的乡村花园，一定不能忽略这两种隔离形式。如果没有更喜欢的替代品，可以把现有的自己最喜欢的材料进行搭配，直到满意为止。如果认为合适，也可以使用这两种栅栏，因为它们很实用，可以阻止动物进入：城市里没有拴绳的狗会像乡村里饥饿的野生动物一样进来制造麻烦。

此外，新建的花园里，矮树篱笆还不够密集，这时可以用简单的铁丝栅栏作为隔离——就像编制的野生安全围栏一样，这种栅栏可以把不速之客挡在园外。

从特卖场淘来的怀旧栅栏

想要制造浪漫的英国乡村花园效果可以选择铁艺栅栏。过去几年，怀旧的栅栏元素逐渐流行起来，那些偏爱乡村花园风格的园主十分喜欢。当然单纯是生锈的铁栅栏并不受欢迎，但是当它融入花园后，那些新创造的有怀旧之情的元素会与色彩斑斓的花床形成美丽的对比。也可以将铁栅栏整合到矮树篱笆中，这种设计特别适合乡村风格花园的前园，而塑料或铝合金栅栏则与乡村花园格格不入。

右图：这个乡村花园的前园开满了花朵，快把铁栅栏遮住了。

各种栅栏

1 由涂色的圆木组成的栅栏，使花园更具艺术气息。

2 树干是极具乡村风格的隔离材料。未去皮的云杉树桩用几年之后必须更换，因为它的颜色很快会变灰，看起来比较冷淡。

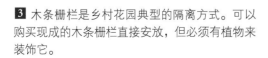

3 木条栅栏是乡村花园典型的隔离方式。可以购买现成的木条栅栏直接安放，但必须有植物来装饰它。

4 涂漆的金属栅栏一般是铁制或铝制的。它属于城市的贵族花园，在面积比较大的乡村花园中效果也很好。

5 木头栅栏不一定非要有100%的隔离效果，由去皮的树干和榛树小圆木组成的简单隔离，可以在香草园和蔬菜园里编织出一幅如画美景。

6 木格子栅栏或藤架栅栏与攀缘植物搭配能形成较好的视觉隔离和空间隔离效果。这种方式在花园内部也可以用于休憩处的隔离。

浇灌石墙，干垒石墙

天然石材是花园的传统资材，它的使用方式在过去几百年中一直在变化。不同的加工形式使得它如此诱人，并赋予了花园独特的魅力。大多数天然石材以前只能在当地使用，导致大部分乡村花园都有一个整齐规划的外观。以自然界的现成资材制作的花园隔断有两种：浇灌石墙和干垒石墙。浇灌石墙一般由大小相对一致的石头组成，包括规则和不规则的。干垒石墙不需要浇灌固定，而浇灌石墙与

这些古老的天然石块经过简单加工后，效果十分理想。

常规的石墙一样需用砂浆等浇灌固定。这种形式的隔断在乡村花园里十分受欢迎，不同的地区因石头种类不同而发展出了独有的砌墙技术。

将动植物栖息地作为空间隔离或视觉隔离

在亲近自然的乡村花园里，最大的乐趣是在被土壤添充的石缝处观察小动物们的生活和有趣的植物群落，可以将这里模拟打造成一个自然的植物社会。上层光照充足、易干燥，可种植耐热的植物品种，下层靠近土壤处比较潮湿，可种植蔓柳穿鱼等植物。

如果计划建造干垒石墙，请注意以下几点。

❑ 为了得到最好的光照，墙的位置最好坐西朝东。

❑ 遮阴对墙上的植物群落生长不利，应避免建在树荫下。

❑ 墙高只要不超过1.5米，其牢固性就没有问题。

❑ 将比较大的石块放在墙的基部能增加其稳定性。

❑ 墙石要错开垒，避免十字接头，即上面一块石块总是垒在下面两块石块各一半的上面。

右图：由碎石块垒成的墙，用水泥、石浆等浇灌固定，这样就不可能有植物群落在石块间存活。

石材还是木材

乡村花园的氛围是由花园里具有典型乡村特征的元素相互作用营造的。无论是想以英国村舍花园或德国农夫花园为蓝本，还是更喜欢原生态乡村花园或现代乡村花园，都需要某些具有符号标志的特定元素。它们可以是特定的植物，也可以是特殊的资材。乡村花园里的空间隔离并不是评判花园魅力的唯一标准。建造花园是一个十分复杂的过程：首先得有个构思，然后把它融于花园设计之中，并在实践中不断赋予其生命活力。但最后出来的效果，则因人而异。即使让不同的人按照相同的模型建造花园，最终成型的效果也必定不同。正是这种不同使建造花园如此令人兴奋，这里涉及每个人自己的构思。这种构思可以让专业设计师加以修改和调整，但不应该完全放弃。建造花园时融入自己的想法是将来你在花园里感觉舒适的前提条件。在这本书里，你会见到很多不同类型的花园，这样就会慢慢形成自己独特的花园构思。

木材和石材可以有类似的作用

其实这两种资材在实际作用和效果方面差别不是很大，即使曾有人认为：与石材相比，木材有种温暖的氛围，更温馨，但也只在一定条件下是这样的。比如有些

天然石墙与充满现代感的资材，如耐候钢，搭配在一起也十分融洽。

沙滩石子有很柔和的颜色，也让人感觉很温暖，即便木材也相形失色。

不同的处理方式产生的效果大不相同

资材的构造和加工形式会影响它们的实际效果。如由工业化生产的、大小相同的亮色砖块砌成的墙面，看起来冷淡、单调，对乡村花园而言不大合适。但是同样面积的墙如果由不规则的天然石块砌成，中间以砂浆等填充，则看起来更自然。然而相对于石墙，用板条木栅栏或栗树小木柱串起来的栅栏做视角隔离会让人觉得更舒适。后者的垂直线条能给人很高的错觉，用在小花园里会使空间看起来更大。而稻草栅栏则相反，其水平的分支结构强化了

左图：天然石墙与紫杉篱笆组合在一起把地块隔离开来，是传统和现代的最佳结合。

横向线条，水平编制的柳条栅栏也同样效果不佳。

使用木材还是石材？天然石材看起来更亲近自然；木材看起来更优雅，更舒适。选择时要因材而异，因地制宜。

当地的石材？

天然石材，如花岗岩、砂岩或玄武岩，属于花园中最重要的资材。除来自德国采石场的天然石材之外，近些年，来自欧盟外国家的石材也愈来愈多，其中有很多来自中国或印度的采石场。

天然石墙

2 不规则石墙构成的组合画面一般都是不规则的。为了让整个画面更美，可以使用不同类型的石块。这种石墙特别适合原生态乡村花园。

1 带状石墙属于较低的隔离，在自然花园里是很多小生物的天堂。

3 规则石墙看起来很规整。在现代花园设计理念里，它们比加工过的不规则石墙更好。

4 鹅卵石石墙较少见，因为这种石头比较圆，稳固性没有其他类型的石头好。建议衔接处用水泥石浆固定。

5 石笼网起初用于水堤，这几年越来越多的园艺爱好者将其用于花园内部空间隔离或视觉隔离。除了购买现成的石笼网，也可以自己制作：在已制作好的铁丝网内放入各种天然石头，如鹅卵石、粗制石等。

6 天然石墙由不规则的碎石构成，能呈现完美的外观，与现代设计理念很相配。

花园房

为什么需要花园房？凉亭有哪些功能？如果想在花园里建这种小型建筑，必须首先回答这两个问题。因为以前大多数人从事农业生产只为了填饱肚子，没有时间和地方建造类似的装饰品。但贵族或富人就不一样，他们有经济实力享受这种奢侈：即使在户外，头上也要有遮阴挡雨的屋顶。当然在他们的花园里，这类建筑的首要功能是装饰作用。

在规模较大的农庄里，花园房会让人回忆起古代的门房。

当你计划把一个装饰木屋或石亭弄到乡村花园里时，应该注意是否有合适的地方来安放。在小花园里，即使这种小建筑也可能妨碍视野。如果有个超大的花园，可将其分割成几部分，将花园房或凉亭安放在花园后方一个单独的空间，同时也应该考虑它的用途：是想在此休憩时遮风挡雨，还是仅在天气好时光顾？需要几个座位？小亭子总是很合适的。由于采光原因，它需要2.5米高，进出口至少要有75厘米宽。在专业商店里有现成的产品，只是一般比较小且不实用。买前最好测量好尺寸。

合适的空间是必须的，但造型也十分重要

如果需要个地方摆放花园工具，在花园里建一个工具房就很好。以前在农村，经常会有个大棚用于摆放各种手工工具，其中有些木制或由石头搭建的至今仍被保留。这种由老木材或粗制石头搭成的花园房很有魅力，以致在现代的许多大型花园展示中仍会看到它们身影。

我并不推荐去专业商店买现成的、手工很精美的花园小木屋。因为它仅仅是为没有地下储藏室且花园又很小的园主准备的储存方案，既没有艺术气息，也不能体现乡村氛围。

右图：你也可以通过手工改造花园小木屋，比如涂些喜欢的色彩等。

凉亭和花园房

1 木亭需要坚实的地基，建造简易却很舒适，甚至可以作客卧临时住人。市场上有很多风格古朴，激发灵感的模型出售。

2 集体小花园（指用围栏围成的一块土地作花园，尤其是指那些由园丁俱乐部统一管理并廉价租给成员的花园）里特别喜欢安放一个老四轮马车或拖车。有时会看到这类怪异的机械被花园主人装饰得很有情趣。

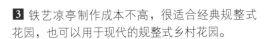

3 铁艺凉亭制作成本不高，很适合经典规整式花园，也可以用于现代的规整式乡村花园。

4 人类的想象力是无穷的。这个木巢是印第安帐篷的现代变种。

5 留意了！偶尔你会在乡村花园里看到牧羊车或田棚这类很少见的花园元素。在为花园寻找小木屋或工具房时，会发现很多新颖的设计，总有一款适合你。

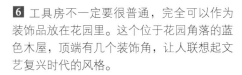

6 工具房不一定要很普通，完全可以作为装饰品放在花园里。这个位于花园角落的蓝色木屋，顶端有几个装饰角，让人联想起文艺复兴时代的风格。

乡村风格的装饰元素

装饰花园其乐无穷。合适的花园装饰元素能让你的乡村花园更加完美，所以应满怀欣喜地仔细挑选。

配备和装饰是两个完全不同的概念。花园的配备，就像在屋里一样，首先包括家具，如凳子、椅子、桌子和日光浴床等，以便能在这里逗留和享受。当然花园的硬件元素，如凉亭、棚架或玫瑰拱架也不能少。它们一起组成了花园的整体样貌，并在很大程度上决定了花园风格。而装饰只是那些锦上添花的元素，即使典型的花园装饰元素——雕塑，也可有可无。这些装饰元素最好放在那些已经经过实践检验效果很好的地方，并且还要通过增加一些小细节使之更完美，这样才能通过装饰让你的乡村花园达到最佳效果。

个人的创造力是成功的关键

我不建议仅仅凭装饰元素的材质或类型就决定是否使用它们。花园小陶俑就是个很好的例子，它生动地说明了花园装饰元素的灵活性和可替代性。这里并不是推荐你在乡村花园里用这种可爱的小物件去增色添彩，而是让你明白，曾经很多流行风尚受人狂热爱戴，不久就被遗忘甚至抛弃。媚俗和狂热崇拜只是一步之遥，把花园装饰元素限制在某几种就失去了创造力。在装饰花园过程中最重要的是：考虑用什么对象来美化某个具体目标，并能让整个花园景观更美时，这个过程会给你带来无穷乐趣。

在过去几年中，用于装饰的资材越来越多，许多超市或建材市场都有类似的商品出售，当然在专业园艺商店里就更多。有些经销商甚至专注于某种特殊的装饰产品，如古董元素，乃至真正的仿古园林或特殊附件，如不锈钢、耐候钢，还有红陶、陶瓷、木材、玻璃……所有这些，都有着完全不同的加工形式和外观，却能以适当的方式给你的乡村花园增色。慢慢你会明白：装饰花园是一个崭新的天地，且其乐无穷。

特殊形状的石头与老式园艺工具很相配。

氛围制造者

1 光源。配置花园装饰元素时，千万不要忘记光源类，如蜡烛、室外灯或火把。在昏暗的傍晚，它们能营造出别致的氛围。

2 田园牧歌。可以通过一些老式物件在花园里制造日常生活场景，以打造乡村田园的意境。果树上挂个竹筐，旁边架个木梯子——这时就会联想到乡村生活的美好画面。我们是多么渴望这样的田园生活啊！

3 老式器材，如锌罐、铲子和桶在乡村花园里十分受欢迎，价格也便宜。即使它们的某个部分或零件，如锌喷嘴，也可以安放在蔬菜园的木棍上作为装饰品。

4 静物的舞台。桶、碗、锅等在厨房每天都会用到的小容器，作为植物容器能让夏日花园更清新。

5 经典的装饰元素，如由石头、砂岩或陶泥等作成的各种雕塑看起来十分气派。它们经常出现在大型乡村花园或宫殿花园里，当然也可以将它们安放在自己的花园里。

6 瞭望台能给你一个把周围风光尽收眼底的好机会。在小花园里，它可以只是一面镜子。这样既可以把花园景观印入镜中，还会给人一种花园很大的错觉。

规整式花园的经典装饰

经典的乡村花园要有代表性的符号，其装饰必须强调花园的典型特征，所使用的元素都应该有一定的价值。具有历史性的经典花园模型在现代花园建设中起了重要作用。那些权贵王子、王孙们的巴洛克花园（巴洛克时期的一种花园建筑风格，对法国乃至欧洲花园设计有着深远影响。第一个巴洛克式花园产生于法国巴洛克时期，因而也被称为法国花园，基本元素有：雕塑、迷宫、喷泉和对称花床。子爵城堡的公园是巴洛克式园林艺术的标志，在这里建筑师、景观设计师和画家首次在一个大规模项目中协同作战，对后世园林艺术影响深远）就一直是19世纪富裕的农夫建造和装饰花园时模仿的对象。最好能亲自去看看那些大型的巴洛克花园，如汉诺威的皇家花园或施威策根的宫殿花园，可以为你提供很多灵感。经典的装饰元素有以下两个特点：一是这些花园元素在花园里有着悠久的应用历史。二是经典的装饰元素虽然是以某种时尚为主题设计的，但并不会因此而失去时效性。所以在过去几年越来越多的园丁喜欢使用一些经典装饰元素，如石柱或巴洛克花瓶等来装饰花园。如果想把花园建成规整式风格，会对这类装饰品更感兴趣。例如，用花园中位于道路两侧对称的人物雕塑来体现规整式花园风格，效果就很好。各种类型的人物雕塑都适合装饰正式的乡村花园。它们与花园中的家具也很搭配。

石制花瓶和配套底座作为花园的装饰元素已经流行了几个世纪。它们古色古香的装饰风格，特别适合严谨的花园风格。

这种柳条筐形的石制花盆在英格兰十分受欢迎。

乡村风格附件

左图是一个很好的例子：这个位于英国的西辛赫斯特花园，成名于由埃德温·鲁琴斯（Edwin lutyen，20世纪英国建筑师的先导，被视为英国最伟大的建筑师之一）设计的著名长椅。远处的长椅与近处的雕塑相互映衬。这种经典的组合装饰能让花园更加出彩。

位置起决定性作用

在购置装饰物件前，要考虑好它们的安放位置以及作用。例如，若将装饰物件——无论是人物雕塑、花瓶雕塑，还是喷水池，摆放在花园中央或道路尽头的中央，总能使它们成为人们的视觉焦点。在购置、

安放装饰物件时必须考虑方方面面的因素，以便这些装饰品能适应自己独特的偏好。试想一下，这些景观将每天入你眼帘，所以即使小小的"妥协"也会令人不快。需要注意的是，这些在花园里第一眼就能触及的装饰元素，在形式和颜色上应该和谐统一。

左图：雕像制品可营造经典的氛围，因而在规整式花园里必不可少。它们可以安放在花园中央，或内部某个位置。

规整式花园的装饰元素

类型	材料	摆放位置或形式
带盖花瓶	砂岩、铸混凝土	支座或柱子上
石雕	砂岩、铸混凝土	支座上或其他适合处
复古花盆	石头、陶瓷或铅制	单独、并排或成群摆放
拱门	金属	过道
棚架	木材	需要板架或视觉隔离的地方
果篮	石头、铸混凝土	支座或柱子上
鸟类饮水处	石头、金属	花园中央或其他适合处
蓄水处	石头、金属、陶瓷	花园中央或墙边

用一些彩色面板可以隔离出新的花园空间。用于烧烤的铁火筐让这个现代乡村花园更引人注目。

乡村花园的时髦元素

"时髦"第一眼看起来并不适合乡村花园，但我们不能因为这些偏见而拒绝时髦。现代的花园设计元素在乡村花园里能制造出亮眼的对比，并以非常规的表现形式和搭配让花园焕然一新。例如金属配件就可以与石制、木制的花园配件以及植物的靓丽色彩形成很好的对比。花园里经常会使用不锈钢和耐候钢。不锈钢的饮水池和花盆很闪亮，看起来特别高贵。耐候钢能经受日晒雨淋，表面有一层铁锈，可以保护它不被腐蚀。乡村花园里的视觉隔离墙、花床隔离和草坪边缘都可以用这种材料。不锈钢、耐候钢或其他金

属制的雕塑也可以很好地融入乡村花园氛围之中。例如右图中站立在灌木丛旁做吃草状的金属制羊就是一个很好的实例。

新的材料提供了新的可能性

除了金属制品外，玻璃制品也可用于乡村花园的装饰，还有一些现代工业制成的特殊材料也能给现代的乡村花园赋予独一无二的特征，如金属制的石笼网。金属网里的碎石把现代乡村花园的废弃材料变得时髦起来。连混凝土也因其灵活多变而被越来越多地用于花园建造中，如雕塑、植物容器甚至花园家具。与此同时，还有

右图：由废弃品做成的艺术品如今很受欢迎。这只由席梦思床钢丝做成的羊看起来就很美。

更多高品质的资材可供选择，如塑料。如今许多经特殊处理的塑料制品外观看起来与金属或混凝土别无二致，但移动起来却特别方便省力，可以随意摆放。

小配件展示大效果

很多时候，小小的创意总能给花园带来独特而令人惊讶的效果。制作手工制品是一件充满乐趣的创意活动。这里有几个建议。

❏ 用木棍将布或其他面料撑开，挂在树或房屋墙体之间，这样就可以很简单地将花园分隔成几个较小的空间。缺点就是不耐日晒雨淋。

❏ 废旧金属适合做成小的雕塑，这种艺术品就像你的手迹一样个性十足，会成为花园里真正的亮点。

❏ 风力灯和花园火把是你踏入黑暗环境中的独特光源。市场上有很多高品质资材的几何形状的灯具，十分适合现代乡村花园。

❏ 花园里的火焰能带给旁观者一种特殊的魅力。可以用金属筐（市场上有卖）在较小花园里生一个可控火源。

可购买现成的木声器材作为风铃，抑或如图所示利用老木材自己动手制作。

锌桶、陶盆与周围的河石、贝壳、树草组成一幅和谐的静物画。

原生态乡村花园中的装饰元素

如何创造一个乡村花园的天堂，就是如何利用各种自然资材来装饰你的花园。那些能勾起回忆的农夫日常生活用品以及一些自然的出土文物都是自然花园里墙面、路径、建筑物的合适建筑材料。应该相信自己的创造力，给古老的物品赋予新的生命，而不仅仅是从商场里购买昂贵的产品。各种奇形怪状的石头、贝壳或打碎的陶盆，和谐地组合成花径、花床和小型的装饰岛，一个亲近自然的花园就成型了。

触摸这些随意摆放的花园设施能给你一种轻松自由的感觉，让你联想起在阳光下度假时无忧无虑的时光。乡村花园里十分经典的装饰手法是对锌桶、陶罐、瓷碗等的再利用。如果想用它们种植物，最好先在里面套一个塑料盆，然后将这些古董套在外面，并在盆底钻个出水孔，否则容易积水，对植物不利。

我的花园——人和动物共同的生活空间

原生态乡村花园能让你的所有感官都感到舒适。此类花园的主人喜欢自然，注

水井不一定非要用于打水。由老式砖头砌成的圆形盆地也可以作为花园装饰品。

重生活品质，擅于利用各种乡村风格的材料和形式使自己的花园拥有最佳的乡村风情。

　　一个由自己动手，用贝壳、石头和木头系在粗绳上制成的风铃，随着微风奏出美妙的音符；古色古香的陶盆里长着香气漫溢的香草；一个老式木梯或由未经加工的木板组成的花梯把色彩斑斓的夏日花卉牵引至与视线的同一高度⋯⋯这些都是营造乡村氛围的好手法。此外，特别适合原生态乡村花园的资材还有原钢或耐候钢。从花园凉亭到玫瑰拱架，从花园插杆到花床镶边，这些资材上的绿锈，能使其看起来就像老式的阁楼装饰品：迷人且典雅。

在装饰花园时别忘了园中的邻居——小动物。回迁处、巢箱、饮水槽这些不仅方便了小动物们，也可以作为花园的装饰品。

原生态乡村花园里的动物住所

住所类型	动物类型
石头房	昆虫、蟾蜍、蝾螈
枯木堆	蟾蜍、刺猬
叶子，草丛桩	刺猬
麦秆填充的花盆	螳螂、昆虫
有孔的木板	野蜂、黄蜂和其他昆虫
巢箱	鸟类（椋鸟科、山雀、五十雀）
秸秆捆	昆虫

花园水景

1 鸟类饮水槽在每个花园里都能找到合适的位置。有如图所示比较正规的饮水槽，也有用天然石头任意搭配做成的水槽，后者适合摆放在原生态乡村花园或村舍花园里。当然其他动物也可以来此饮水。

2 正规水池在乡村花园里显得很大气，属于最传统的花园水景设计，但造价较贵。

3 喷泉池因材料和形式不同，可适用于各种乡村花园。不仅具有观赏性，还具有实用性：储藏花园灌溉用水。

4 自然池塘特别适合乡村田园风格。蛙类的呱呱声和浮动于岸边水草间的昆虫共同营造出和谐的乡村田园氛围。根据花园面积和池塘的大小，可以建造塑料薄膜池塘或如图由捣碎的黏土填满的池塘（便于上面种水生植物）。

5 接水桶也可以作为装饰品。不要把它藏在房子背后，而应将其置于光线较好的明亮地带。桶里的水会吸引小动物前来喝水。如果水不满或太少，最好将水桶盖起来，以免小动物掉进去。

6 木制跳板既能让你近距离感受花园水景的魅力，也是孩子们在水边观察大自然的最佳平台。

花床及其植物组配

植物就如画家手中的笔，用这只"笔"可以勾勒出色彩丰富且充满个人情趣的乡村生活画卷。

毫无疑问，花园硬件元素在花园设计中占有很重要的位置。它们的搭配、形态和色彩在很大程度上决定了花园的风格。但是，在乡村花园里，植被的类型也很重要。植物能以一种独特的方式改变花园的风貌。例如在冷色调石头旁种些橙色、红色等暖色调的植物，会使其看起来更柔和舒适。同样，你可以用蓝色等冷色调来中和暖色调的木材，如此花园会显得安宁、和谐。此外，植物对人的影响也不容忽视。它首先表现在对人情感上的冲击。植物颜色会直入眼帘，是人们进入花园时脑海里留下的第一印象。这个原理在几个世纪前，绘画界的人们就已懂得：观察者眼中，色彩印象已经在一定程度上决定了图画的内涵。如果颜色比较暗沉，就是个严肃的主题；如果颜色比较明亮、喜庆，将是个快乐的主题。花园的色彩效果与光线强弱有关。如亮色类中的黄色、玫红色或白色在黄昏时色彩反而更亮。

此外，你应该了解，在花园里有一些因素会制约花园的设计和建造。例如，你不能像画家把每种颜色涂在任何想涂的地方一样来设计花园。因为植物有生命，它必须有适宜的生存环境（光、水、土壤等）。每个地方都有适合种和不适合种的植物。但是此类限制可以通过植物品种的多样性和各式各样的植物组合来克服。

每个季节都有它的色彩

植物的色彩会随着季节的变化而变化。最佳的种植效果是，即使植物色彩不断变化，也不影响花园的观赏效果。因为影响植物生长的因素很多，如土壤、水分、温度等，所以有的植物长得快，有的则长得慢，而由这些长势不一致的植物组成的景观则要花费园丁更多的心血，才能让它有持续的吸引力。花园种植曾是，而且仍将是一个令人难以置信的让人兴奋的活动。

紫色薰衣草把色彩和情调糅合在一起。

花床里的植物组配

1 耐寒的宿根花卉组合看起来像草甸一样，其中包括林荫鼠尾草、千叶蓍、小茴香、紫色马其顿川续断和花期较晚的柳兰。

2 浪漫组合。由灌木（荚蒾）、宿根（博落回、唐松草）和球根类（圆头大花葱）植物组成浪漫的搭配。这种类型的组合护理起来要比纯宿根花床更容易，而且看起来更和谐。

3 夏末种植区。在种植交错区，每个物种融合在一起。在这里，草丛起到了重要的作用，将各种植物衔接起来。

4 异国情调组合。源自非洲的蓝色百子莲（落叶型品种还耐寒），与金鸡菊和圆头大花葱组合在一起营造出乡村田园风情。

5 季节的亮点。这片草坪春季被成百上千的球根花卉覆盖，是典型的乡村花园风格。

种植地点

当你计划重新规划花园时，最省力的办法是重新挑选与花床位置相适宜的植物品种，如喜光的宿根就应种于花园中光线充足且温暖的地方。

在重新改造花园时，有时会很难为喜欢的植物找到最佳的种植位置。因为对于老花园，只要没有计划大的翻修，总会有很多限制因素。例如有些想保留的老树，根系十分发达，使得整耕土壤非常不方便，因此周围只能种植与这个特殊条件相匹配的植物。选择合适的种植地点并不简单，因为很多花园主人并没有意识到：地理位置是一个诸多环境因素交互影响的复杂体系。我经常碰到一些园丁对自己种植的植物的后期发展十分失望。尽管他们之前也通过查阅资料或咨询专家等途径仔细研究过这些植物所需的生存条件。但是，查阅资料或咨询专家并不能替代对种植地点的实地考察和研究。

种植地点的选择是成功的关键

一个简单的例子就能说明我想表达的意思：有位园丁特别喜欢飞燕草和芍药，想用它们在自己的乡村花园里共同演奏出一曲由蓝色、白色和玫红色组成的华丽交响乐。他也知道这两种植物需要阳光来形成强健的茎秆，这样盛开的重花就不会轻

生长在灌木树荫下的老鹳草、楼斗菜和荷包牡丹一起构成了一条碎石小径。

易折断或垂下来。但是由于部分花床被一棵老黑松延伸出来的枝条遮掩，虽然光线仍可透射进来，却不是很强，最重要的"当头照"也没有了，结果飞燕草本应直立生长的茎秆却往侧面倾斜，以致整个画面有些杂乱。此外，由于靠近树的土壤有些干燥（雨水被挡住了），飞燕草还得了灰霉病。现在你应该明白，这里有很多值得思考的地方。但是要解决这些问题并不难，掌握了下面几个要素，在选择植物时就更有把握。

❑ 种植地点是开放的，还是位于遮阴处——建筑物的屋檐下或树下？

左图：生长在桦树下的落新妇。在这种半阴环境下干旱时必须及时浇水。

❑ 植物获取的光照主要来自上方还是侧方？生长迅速的宿根需要阳光直射，否则容易倒伏。

❑ 植物生长期间能接受多长时间的光照？

❑ 土壤是否过干或过潮？

❑ 土壤营养丰富还是贫瘠？贫瘠的土壤可以通过有目的的施肥来改良。

❑ 土壤是碱性、酸性还是中性？

❑ 花园所在地区冬季下雪很多且十分寒冷吗？

❑ 种植地点风大吗？如果是，就不要种植株型高且易倒伏的植物。

❑ 土壤上已有的树木根系特别发达吗？

回答完这些问题，将对你选择植物大有帮助。

有的植物，如羽衣草等，确实万能，既能在阳光下，也能在遮阴处生长良好。

鸢尾花开后常易遮挡视线，所以一般把它作为背景或种在花期较晚的宿根花卉前面。

得很好。在乡村花园里，这种位置可以作为如何将植物混合种成一个原生态花园的榜样，或规划成一个现代的草坪组合群。自由空间区的土壤质地也都不同，或富饶或贫瘠，或干燥或潮湿。

❑ 石子区：当然也有一些宿根、草类或矮灌木能适应由岩石或碎石组成的，或岩石、碎石含量比较大的土壤。这种土壤比较贫瘠，不能储藏水分。

❑ 混合花床区：这里种植的植物或许来自不同的地区，对环境的要求也有所不同，但有几个基本点必须统一。首先是必需的光照，其次是土壤的酸碱度或水分供应。注意避免极端条件。喜阴宿根虽然可以忍受每天几小时的光照，但不建议把它们种在阳光曝晒下。

如果已经仔细研究过种植地点的位置条件，就可以以此为基础开始挑选植物。如今将同种类的植物种在一起变得很流行。在这里我不会向你推荐哪些植物适合你，哪些不适合你，因为任何一位园丁——无论是刚开始的新手，还是有经验的老手都有自己的偏爱。他们有的对特殊品种感兴趣，如绣球、玫瑰或老鹳草，有的却只喜欢某种特殊颜色的植物。这些偏好在选择花床植物搭配时起十分重要的作用。

花园里的种植区域

有一个通常会被很多园丁甚至专业人士忽视，与种植地点有关的问题：花床是什么？花床是一个人为创造的，由不同生活区的植物在花园里组成的生命互作共同体。我鼓励园丁们在花园里尽可能试着用来自不同生活区的植物组合，使景观更加自然，但在使用传统宿根花卉时仍有一些重要的规则必须遵守。花园里典型的植物种植区域有：

❑ 木本植物下方种植区：可在灌木或树下种植喜欢生长在遮阴或半遮阴环境下的植物。这个地点的土壤由于秋天的落叶而营养十分丰富，但缺点是夏天比较干燥。

❑ 自由空间区：花园里的自由空间属于传统宿根花床的最佳种植地。在无遮拦、阳光充足的地方，所有的宿根都能生长发育

右图：宿根植被组成的精美画面。蓟类植物、伞形科植物和各种观赏草以及一年生植物种在一起十分融洽。

118

品种繁多的植被需要额外的支持

所有的混合花床都需要施肥，特别是种植了福禄考、飞燕草、芍药以及菊科植物等花量大的花床。而且早春要松土，生长季节要按时铲除杂草，以便植物能得到足够的光照且保持空气流通。

英国村舍花园的花床

在英国村舍花园里，来自不同生活区域的植物种植在一起。它们都应该管理简单，易护理。毫无疑问这也是多数园丁的追求：不同植物的混合，使花园从早春到晚秋一直能呈现优美的景观，且不需要特别繁杂的护理。只要满足这个特性，任何植物都可以种植在英国村舍花园里。重要的是要能达到乡村风格繁花似锦的效果，但又不能否定英国村舍花园简单原始的根基，所以要尽量避免使用经过驯化的精细栽培品种。太过华丽的英国玫瑰和宿根类的重瓣花卉用在这里有些过了。它们花枝招展的招摇特性与英国村舍花园简洁明快的风格不太协调。可以使用那些在传统花园里经常种植的宿根花卉，以及很多典型农夫花园里种植的植物，如福禄考、肥皂草、蜀葵、风铃草，抑或二年生花卉，如毛地黄、毛蕊花等，它们在英国村舍花园里都能营造很好的氛围。从右边的花园案例可以看出如何将这些植物组合成一幅美好的画卷。这里大多数是护理简单的宿根花卉。引人注目的是，满满的都是花和叶群，空隙很少。这个花床位于绿地的边缘，视野空旷（光照好），形成了一个窄长的花带。同样狭长的小径犹如一个狭窄的小巷将花床和玫瑰藤架隔开。花床里种满了垂直生长且高大的宿根花卉。蜀葵和毛蕊花的鲜艳花朵时而隐藏，时而互相争艳。它们的花茎都很粗壮直立，使整个空间有了舒适的层次感。

大植物，小空间

如果花床较窄，且位于房屋附近，可考虑设计这种种有高大宿根的花床。若选择低矮的植物，花床的空间限制会更明显，可供使用的地方也会更拥挤。在花床边缘的前方可选择钓钟柳。这种植物株型比较紧凑，同时从茎秆抽出的亮红色花朵与周围显眼的宿根花卉一样朝天开放。这些宿根适合任何营养不是特别丰富的普通土壤。即使施肥也只需施些缓释肥或自制的堆肥。营养太丰富的氮肥反而会使宿根茎秆长得太快太高，容易倒伏。此外，这里使用的植物都是耐寒的品种。

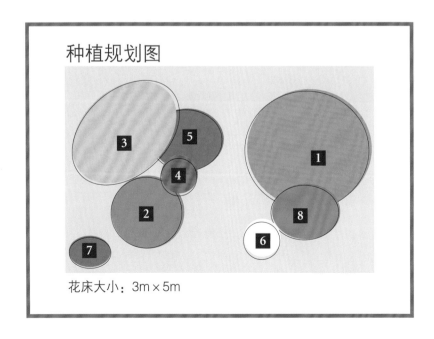

种植规划图

花床大小：3m×5m

植物清单

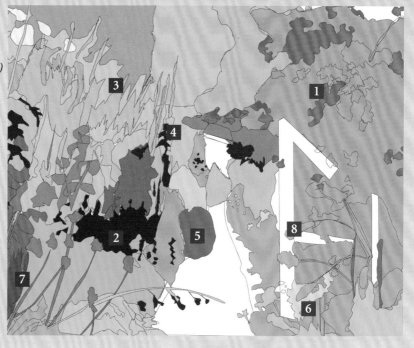

1	2	藤本月季	
2	3	钓钟柳	(*Penstemon ruber* 'Coccineus')
3	10	毛蕊花	(*Verbascum densiflorum*)
4	10	蜀葵	
5	3	薰衣草	(*Lavandula angustifolia*)
6	2	大星芹	(*Astrantia major*)
7	3	林荫鼠尾草	(*Salvia nemorosa*)
8	1	飞燕草	(*Delphinium* in Sorten)

英国村舍花园花床的变迁

在以前的英国村舍花园里，花床里种植的植物并没有覆盖到每个角落。现代的花园主人也没有百分之百地复制以前的英国村舍花园，而是适当地做了些调整。这本书谈的是花园设计，但是在实践过程中，任何一个花园都有其事前不可预测的独特问题，有的设计师把它们归类为漏洞，我更倾向于称其为惊喜。因为这些微小的漏洞在专业设计师眼里可能是不和谐的细节，但在某些情况下却十分迷人。这些惊喜小细节在英国村舍花园里有时是主人故意设计好的。乡村花园的主人在从其他花园收集植物时，一定会在脑海里对未来花园的美景有个设想：这个植物如何生长，相邻的植物是否能够容忍它等。当然最重要的是这个植物或许有一天将出乎意料地在自己花园里大放光彩。

我自己种重瓣肥皂草时就有过类似经历。在我的花园里它从未有过发达的根茎，也未曾长成一大簇美丽的花群，花朵开得稀稀拉拉。但是事情并不总是这样：我曾把这棵植物的一小枝送给一位朋友，令人惊奇的是，几年后，这棵扦插苗竟然长成了一大片宿根群落。可它的母本在我花园里却还是那个样子。因此有时候你会发现，总有几个自己意想不到的植物会统治着计划中的花园，十分有意思。这种意想不到

花床和草坪被鲜艳的色彩点缀着：红、白、蓝三色"照亮"了花床里的草坪小径。

的惊喜其实在英国村舍花园里一直存在。在这种花园里，有目的的花园规划，植物颜色和群落形式的对比等并不重要。例如，很多书里介绍茎叶细长的观赏草要跟宽叶植物对照搭配，但类似的搭配在村舍花园里较少见。

的植物并不复杂：一年生的观赏罂粟（观赏罂粟是园艺学家通过杂交选育出来的品种，以观花为主，在国外广为栽培，并非用于制毒的罂粟品种）、二年生的毛地黄、剪秋罗和白色的石竹，这些美丽芬芳的花卉把灰墙下的花床装扮得华丽诱人。这些植物都很容易获得，而且并不昂贵。

为花园收集植物

如果你还在试验期间，喜欢把各种植物都尝试种植一遍，或者目前你的财务状况还不允许买大量昂贵的植物，完全可以直接扦插或买花种自己播种，这样也有可能像变魔术似的建造一个美丽的村舍花园。左边的图片就是个完美的例子。花床里种

左图：这个花床里的好几种植物都是自播的，越繁越多，如观赏罂粟和剪秋罗。

种子繁殖的植物

刚开始可以试着在花床里种些一二年生植物。很多夏季开花的植物都可以直接露地播种。一年生的大波斯菊、黑种草或旱金莲一般4月中旬播种。二年生的毛地黄、红花糖芥和须苞石竹一般夏季播种。这样在第一年就可以完成村舍花园的花床规划。

村舍花园里的四季花床

对现代村舍花园来讲：花园在四季都必须有亮点。这种要求在以前是没有的。因为如今人们已经把花园当成了居住的空间，所以让花园四季有景可观就显得十分必要。

早春花床里种有郁金香、缎花、抱茎叶亚历山大和西亚脐果草。

早春的花园由球根花卉主宰

当你开始规划四季花园时，首先想到的就应该是球根花卉。它们能让你不需费很大周折就把花园打扮得很美，而且采购成本也不高。早春推荐种植雪花莲（小雪钟）、冬菟葵。如果冬季没把它们挖掉，它们会是春季的第一个报春使者。它们的种苗一不小心就会被铲除了，因为这类低矮植物需要3年才能开花。如果等到它们的叶片变黄，种子成熟，无需额外的关照就可以自繁自播。

作为季节重点的自播植物

拉丁名	中文名	花色	株高
Alcea-Hybriden	蜀葵	除蓝色外所有颜色	2 m
Aquilegia-Hybriden	楼斗菜	所有颜色	70 cm
Campanula-Arten	风铃草	白色、浅蓝色	60 cm
Centranthus ruber	败酱草	鲑红色、白色	60~80 cm
Dianthus barbatus	须苞石竹	红色、玫红色、白色、紫色	50 cm
Digitalis purpurea	毛地黄	玫红色、白色	1.5 m
Lunaria annua	诚实花	浅紫色、白色	40~60 cm
Meconopsis cambrica	西欧绿绒蒿	橘色、橙色	30 cm
Papaver somniferum	观赏罂粟	红色、玫红色、白色、紫色	60~100 cm

早夏的典型花卉，如羽扇豆、黄色水杨梅，能创造出古典的乡村氛围。
紫蓝色的猫薄荷填充其间，把花海一直延续到整个夏季。

几种热带植物，如橙红色的雄黄兰（火星花）能和典型的农夫花园植物，如蜀葵和毛蕊花，很好地结合在一起，颜色互补融洽。

同样的早春花卉还有仙客来。球根花卉的重头戏当然是水仙花和郁金香。如果选择早、中、晚3个不同开花时间的品种，可以持续大片开花整整3个月。但是它们的颜色不是很多，也不是特别亮。秋季，秋水仙不可或缺，它们能给花床带来柔和的色彩。一般来讲，夏季的花园大都繁花似锦，所以要投入一些精力确保秋季的花园也能有景可观，比如种些晚开花的宿根组合，给花园带来好几周的惊喜。宿根通常分枝较多，所以不宜种植太密，过几年最好进行分株，种在别的地方。如果还是有很多多余的，可以送给朋友或者与他们交换，并把这个美好的传统继续下去！

发展现代的种植理念

乡村花园要与时并进。除了英国村舍花园的植物应用以及德国农夫花园里花卉和蔬菜混种的固定模式之外，现代的乡村花园拥有与以前完全不同的植物类型和组合。经典的花园设计书籍还在强调植物形式和外观的有效对比时，现代的设计师已开始重视植物群落整体的匀称感。早在1900年人们就把宿根种成带，形成了所谓的漂移原型。英国的早期设计师格特鲁德·杰基尔（Gertrude Jekyll，

由不同紫色调宿根层组成的彩色飘带混植群。

1843–1932，英国著名花园设计师，一生共设计了400多座花园。）提出了飘带混植的概念——一种带状曲线种植方式。她提倡适用叶色和叶形，以"飘带形"略呈45度角种植植物，使部分植物彼此重叠，隐藏不良的植物景观，凸现美丽的植物景观。其原理很简单：宿根群落按照品种以飘带形略呈45度角种植，这样某个种植群歇花后形成的秃斑就会被前面其他种植群挡住，从而使花床在整个季节都能看起来繁花似锦。如果种植一些花歇修剪后能重新开花的品种，整体表现就更佳，如飞燕草、鼠尾草和羽扇豆等。当然这么设计的前提是花园面积足够大。飘带混植群最好面积不少于20平方米，宽度不短于2.5米，这样才能组成彼此相容的品种群，群间的互作才能充分展示。

预算问题

当然也可以选择投入较少的精力和花费较少的成本来设计建造花床。如果面积较小，可以种植数量少但吸引人的品种，整体效果也很好。右边半阴的花床里，由宿根植物接龙般组成的群落，很有艺术感。群落的背景是1.5米高直立向上生长，开蓝紫色花的茴藿香。茂盛丛林中的福禄考前，长着开浅紫色花的美国薄荷。茴藿香蜡烛状的紫色花穗和矮桃鸭嘴状的白色花穗，与旁边美国薄荷的羽毛状花朵形成和谐的对比。现代的乡村花园里也可以允许大冠幅的群落，因为这样效果很特别。选择植物时请注意：在较小的面积里也可应用较大型的植物，但必须缩减品种以便合理利用空间。可以确定一个基调，然后让花园整体或部分具有它的特征，当然也可以做根本性地改变。理论上甚至可以把现有的

右图：较少品种的简单组合也可以让人过目不忘，而且护理成本还很低。

花园通过植被的变换而赋予一个崭新的面貌。宿根随着季节变换可以提供：美丽的分枝、绚丽的花朵、别致的叶群和色带。特别是在宿根品种较少时，记住要选择那些枝叶结构或花朵能在较长时间保持一定观赏性的品种。枝叶结构、植株生长模式，在很大程度上决定了画面和植被的特征，因而是花园设计元素中变化最丰富的部分，对设计师来讲十分重要。

充分利用变化

一个很好的例子就是毛地黄：第一年植株只长出矮矮的叶群，第二年枝条往上生长，并开出有分枝的花序。有的植物地

上部分在秋季花歇后仍能保持很好的叶群结构。有些观赏草，如晨光芒，即使在冬天也因其美丽的银灰色倩影而成为一道风景。下图中大型的伞形科植物在花期过后叶群结构也都不错，还有秀发似的观赏草也是。

这里可以看出：与经典村舍花园或原生态花园相比，现代乡村花园的设计和植物选择更重视层次结构。因而你必须了解每种植物的叶群能保持多长时间。为此你需要掌握大量相关植物的基本知识。可以查阅专业园艺书籍或去植物园获取所需的知识。

如果你持续观察花床，就能看清它的

夏季花卉跟宿根一起组合很协调。这里鲜红的百日草带来的基调是一般宿根难以达到的。有了类似的夏季花卉，火热的植物组合才能成为可能。

发展趋势，如是否会倒伏或继续向上生长。遗憾的是，我们很难将某个物种的结构特征嫁接到相关近似物种上去。但是不要沮丧，经验丰富的植物专家可以告诉你哪些宿根有哪些功用，以及如何管理。费心寻找花园结构植物的好处：你的现代花床能长时间有景可观。所有的结构植物形成的景观都比仅仅是开花植物的时效长。想一想两个知名的宿根：西伯利亚鸢尾和萱草。它们的花几周后就凋谢了，可剩下的窄叶结构能够保持很长时间。在现代乡村花园里看到的不仅是花：植物的整体被充分利用，以服务于花园的总体效果。

球根花卉，如大花葱能在较短时间内成为花床中的焦点。

左图：较少的开花品种和直立、长有彩色叶片的宿根搭配起来很时髦，没有人工的痕迹。

植物群落

所有的花床都一样：良好的设计可以通过不同的方式得以实现。其中一种方式就是使用一种具有代表性的植物为主导。这是最简单的设计思路，很多初级园丁都这么设计他们的花床：首先选择一个最爱的主导植物，然后把其他植物群植在其周围。这样，自己偏爱的植物就成了花园的中心。但是很多时候因花床的位置和生存条件限制，这些被选出来的搭配植物并不能一直与主题植物和谐共处。因而，几年后就必须重新整理花床。

另一种方式就是将相同结构类型的植物种植成行，即飘带混植。这种方式要求设计者十分了解所用的植物，熟悉它们的结构和后期的生长情况。当然也要注意，花园的设计很大程度上取决于可以使用的

植物品种和类型及数量。使用的植物越少，设计起来就越简单明了。传统受欢迎的花园亮点植物是虞美人，而且要用轻柔的浅粉色调，松散的群植容易形成花床的中心。由于虞美人花歇以后不耐看，在仲夏时会有几周从风景里消失，但冬季来临之前便会形成很好的叶群，所以种在花床中央最合适。盛花期后剪除开败的花茎，旁边的花会取而代之。

花床里，植物各尽其职

在花床里，一年四季都能吸引人的最佳观赏植物是常绿大戟。它蓝绿色的叶群上开着黄绿色的花球。虽然常绿大戟在特别寒冷的冬季有可能冻死，但它的自播性很强，来年又会繁殖很多后代。虞美人和开粉红花的软毛矢车菊在营养丰富的黏土里会长得更好，可也容易倒伏。软毛矢车菊的花与常绿大戟很般配，前者长长的茎秆托着大花朵，在大戟叶群的衬托下十分美丽。

右边的例子可以看出，种植植物时不仅要选择自己喜爱的品种，还要注意植物的花期和类型，并合理进行搭配，这样花园才能时时有景可看。

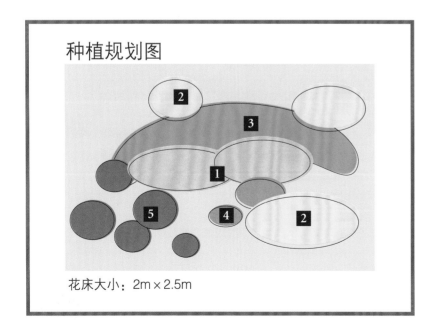

种植规划图

花床大小：2m×2.5m

植物清单:

1	2	虞美人	(*Papaver orientale* 'Juliane')
2	3×2	常绿大戟	(*Euphorbia characias*)
3	8	容克水仙	(*Asphodeline liburnica*)
4	3~5	软毛矢车菊	(*Centaurea dealbata*)
5	1~5	猫薄荷	(*Nepeta racemosa* 'Walker's Low')

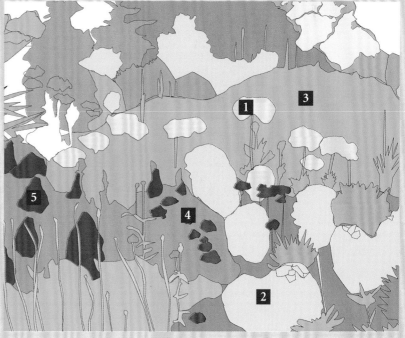

色彩搭配

在强调格调的花园设计中，色彩的搭配也十分重要，它决定了人们对花园的第一印象。建议大家形成自己独有的色彩搭配法则。无论是使用单一色调——以某种色调为主，中间以细微差别过渡的单色调组合，还是使用多种色调对比组合，如黄紫、红绿、蓝橙。只要发挥想象力，将个人特色融于色彩搭配之中，总能找到方法让植物组合更加吸引人。

一致还是对比

经过精心搭配的花床，颜色一般看起来比较协调，呈现的效果与选择的色彩主题有关。紫蓝色的花床给人高雅别致的感觉，红黄色就显得生机勃勃和友善。使用单一色彩的花床，甚至花园也很引人注目。

我确信，每个花园里的色彩配比都是花园主人个性的体现，说得诗意些就是"心灵的镜子"。正如我不能理解，为什么有人会一辈子喜欢花园里永远是紫蓝色。明亮的色彩会给每个人带来喜悦。颜色的表达效果有时会被我们内在的情绪影响。我自己就是由于内在的偏心作怪一直抗拒红色，直到有次一位朋友送给我火红的雄黄兰，这个植物这么的美，以至于我终于明白红色也有它美好的一面。尝试着去欣赏

粉色花朵轻盈、飘逸。大量细微花穗组成的色彩看起来很简洁。

经典的色彩对比。芳香植物：薰衣草和金银花。

那些在第一眼或许并不喜欢的颜色，总会有种该颜色的植物能讨你欢心，以至于你会把心中固有的"原则"弃之一旁。这样不也很好吗？

每个花园都会有自己独特的风格，如乡村花园、地中海花园等，但即使按照某种固定模式设计的花园，也总会有一些空间来加入自己的创意。如设计传统的农夫花园，你完全可以从自然景观中取得灵感，并应用在花园之中。

根据地区环境不同，花卉的品种也会各色各异。夏季开车出去兜一圈，就可看到：房屋前庭被靓丽的大丽花填满，乡村里到处开着热情奔放的孔雀草，以及开满白色野花的草地。

左图：这个花床早春以红色为主，夏季宿根将会以另一种色彩组合来统治花床。

色彩的使用原则

所有色彩的出发点都是三个基本色素：红、黄、蓝。通过混合其中两种可以产生次级色彩：橙、紫、绿。颜色的互补对比就是一个初级色彩和其他相对的次级色彩所形成的对比。

花床边界

1 颜色对比。低矮的灌木、红叶小檗形成的边框给花床赋予了一个完全不同的整体效果。但也有可能过于强调了隔离的效果。

2 草地隔离。现代的花园喜欢用草地来装饰花床边缘，并起到隔离作用。左图这种波浪状的草地隔离就十分吸引人。

3 砖墙是隔离较高花床的最佳方式。需要时，花床里的香草植物还可以顺着墙缘长下来。

4 铸铁作为花床边缘有着悠久的历史。当然也有不锈钢和木头的边框。

5 柳条栅栏有高有矮，看起来很自然，因此放在英国村舍花园或原生态乡村花园里很和谐。因季节环境的影响，必须每3～4年更换一次。

6 矮墙和树篱是很好的搭配组合。榉木篱笆是乡村花园里的经典元素。

传统的规整式花床设计

即使在这本书里没有讲到传统的农夫花园，它也是现代乡村花园一个很重要的类型。它的代表特征是有个中心轴作为花园面积分割的几何中心。虽然这样在结构上看起来有些呆板，但实际应用起来一点都不会感到生硬，因为各区域空隙之间都被蔬菜和鲜花填满了。农夫花园里的对称美并不局限于美学欣赏的角度，而是有着它的实践意义。

你肯定曾被巴洛克式花园里大片大片的矮生灌木所形成的惊艳的装饰艺术所吸引。在自家的花园里由于面积限制，很难复制类似的种植方式。你也完全没有必要以哲学家或历史学家的眼光去分析自己到底适合哪种花园风格。右侧图片就是一个很好的例子：它告诉你如何在一个狭小花园里用各种常绿植物打造一个规整风格的花床。这里常用的植物为黄杨灌木，因为它容易修剪造型，从而成为装饰品。但也没必要一味地用黄杨灌木，而且它曾经在德国花园里传播过一种病菌，德文翻译过来叫"黄杨死亡"。如果和其他矮生灌木混合种植，这种病的发生率会降低很多，而且还可以用不同叶色的灌木来组成更吸引人的花园景观。

冷色调银色叶群

银色叶片给人以高冷的感觉，薰衣草和银香菊就属于这类。这两者都是喜暖的半灌木，与宿根不同的是其半木质化的茎秆能长期存活。如果打算种植它们，一定要在花园黏性土中拌入沙子或小碎石以增强其透水性，这样可使薰衣草更容易过冬。还有个用得比较少的矮生灌木——石蚕香。它也是半灌木，还可以修建造型。

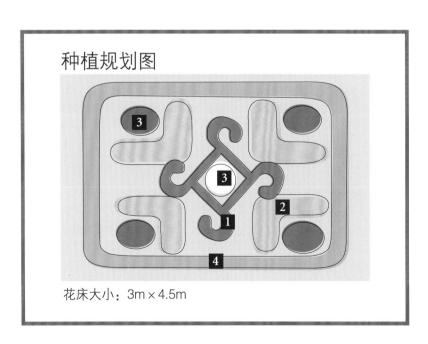

种植规划图

花床大小：3m × 4.5m

植物清单：

1　70　黄杨　　(*Buxus sempervirens*)
2　4×5　石蚕香　(*Teucrium chamaedrys*)
3　5×3　薰衣草　(*Lavandula* in Sorten)
4　50　银香菊　(*Santolina chamaecyparissus*)

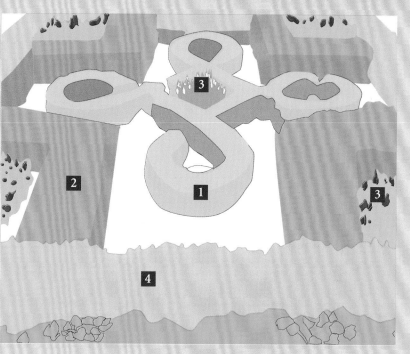

修剪造型和颜色

如果认为单纯的装饰品太单调，可以种些宿根花卉或球根花卉让色彩填满空间。每一种颜色都必须跟具体的空间相匹配。如果只是一个小花园，而且被各类花床正式地分割开，这时用比较重的色调会有些冒失，并且显得拥挤，而柔和的色调则会让空间更宽敞明亮。我很理解，很多园丁希望在一个花床里实现尽可能多的愿望，并因此种了太多的植物。

下图中的花园第一眼看上去很有风味，整体印象浪漫而有趣，这些都是色彩带来的效果。黄和紫的对比，加之粉和奶油白

——一种常见的颜色组合。可是，这种正式的构架被巨大的宿根群落挤压成陪衬。中央的圆形花坛仅仅是一个种满植物的圆圈，正中心虽然有个小水池，但其表达效果却被周围的植物削弱了。此外，这里还毫无必要的种了棵大树。对容易倒伏的高大的玛格丽特，也没有进行支撑，而是把它们绑成一捆，其实如果在早期规划时就把植物后期的生长趋势考虑进去，完全可以避免类似的失误。

如果你喜欢自然生长的宿根大杂烩花床，同时配以规整的花园概念也是可行的，但后者只能作为边缘或边框。如同绘画一样，画框坏了，整幅画的表达效果也会受到影响。花床也一样，如果用矮生篱笆作

在这个花园里，形式的设计和色彩的运用完美地
结合在一起。

修剪成型的灌木波浪就
像盛羽扇豆的容器一样。

隔离，就必须弄得井井有条。"画框"里面可以让想象力自由飞翔，但基本理念是不能违背的，只有这样才能产生令人信服的总体效果。

　　在设计"画框"时可以有各种变化，如右上图所见，"画框"也可以成为花床的主角。这种有创意的修剪形式是一种宽阔的隔离方式，在现代乡村花园里十分美丽。它们可以跟宿根花卉很好地结合起来，哪怕只有很少的几个品种。由于这种波浪形隔离十分具有观赏性，你还可以享受一

季繁华似锦的奢侈，因为羽扇豆在短暂的花期后很快就消失了。

左图：浪漫的规整式花园里长满了花簇。植物遮盖了设计痕迹，让其成为了陪衬。

适宜修剪的灌木

拉丁名	中文名	用途及修剪后的形态
Berberis thunbergii	红叶小檗/日本小檗	绿篱，花床隔离
Buxus sempervirens	黄杨	花床隔离，球形、圆锥形
Carpinus betulus	欧洲鹅耳枥	绿篱，柱子、圆锥形
Lavandula angustifolia	薰衣草	花床隔离
Santolina chamaecyparissus	银香菊	花床隔离
Taxus baccata	红豆杉	绿篱，球形、圆锥形
Teucrium chamaedrys	石蚕香	花床隔离

香草园创意

1 在废旧车轮上种植香草或夏季花卉，不仅看起来很美，还可以把它们隔离开。

2 香草陶盆不仅可以用于装饰，也很实用。由于搭配形式十分灵活，因此适宜任何风格的乡村花园。

3 罗马甘菊和香芹适宜作为香草园的边饰植物，但需要足够的光照。

4 露台香草园。由老铁路枕木、柳条栅栏和木床等建造的类似露台的香草园特别适合喜爱阳光的香草类植物，旁边再搭配一个石头台阶，就更美了。

5 香草架十分适宜小花园，也可以作为隔离墙或栅栏用，如此隔离视线看起来更优雅悦目。

6 香草和多年生植物是乡村花园中的经典组合，它们能打造出绚丽的花园景观。

现代和经典的结合

在现代乡村花园里，有两种常见的植物应用模式。一种是现代多年生植物的应用，其不同色彩、形态相互组合，构成了一幅和谐的画卷。另一种是古典植物的应用。这两种模式并不冲突，并且可以完美地结合起来，如右图所示。这种花床可以设计在墙前、篱笆前，或灌木丛前，但必须保证充足的光照。

芳香植物种植框架

右图中的花床由多年生植物和矮灌木隔离组成。每隔一定距离就会出现一个球状的黄杨隔离，这样，这些飘逸自然的种植群就有了很好的结构支撑。花床轮廓的勾勒是通过镶边的观赏草来实现的。这里使用墨西哥羽毛草最合适不过了。这种植物耐寒、喜光，适宜透水性好的土壤。它近40厘米长的茎秆和细如发丝的穗状花序随风飘扬，十分美丽。此外，开黄绿花比较高大的常绿大戟也适合用于该花床。它最初源于中国，种植起来也不复杂。花期能持续几个月，即使在炎热的夏季也很好看且养护较为简单。相对于比较现代的常绿大戟，在这个花床中还有一种株型更高，有着长长花穗的植物——快乐鼠尾草。它是二年生植物，第二年会从茂盛的暗绿色叶群里抽出2米高的白烛状花穗，香气四溢并能持续开花好几周。此外，它还可以食用。

几枝丛生灌木月季就能营造出浪漫的情调。这个布点不是必需的，却适合那些既喜爱绿色叶群组合，又喜爱有少量色彩点缀的园丁们。这里可以选择花量不是太大，花瓣又能充分展开的灌木月季品种，这样才能跟整个花床的风格相协调。

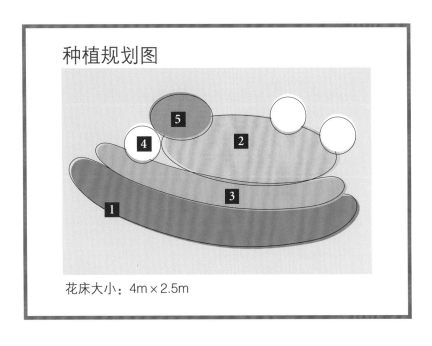

种植规划图

花床大小：4m×2.5m

植物清单：

1. 30 黄杨 *(Buxus sempervirens)*
2. 3×3 常绿大戟 *(Euphorbia wallichiana)*
3. 7 墨西哥羽毛草 *(Nassella tenuissima)*
4. 3×3 快乐鼠尾草 *(Salvia sclarea)*
5. 3×1 灌木月季

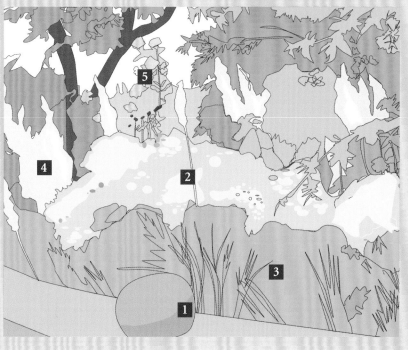

群植

打造现代化的花园并不意味着要抛弃植物运用的基本原则。其中一种最常用的植物运用模式便是群植。群植模式可以利用各种能想象到的方式和组合，只要与当地环境相适即可。它也是起源最早、最经典的宿根花床组合模式，别名还叫马赛克种植——由很多小分块组成，植物种类很多。经典的群植模式与当代的植物组合模式区别很大，后者恪守"少而精"的理念，力图创造出宁静的氛围，故使用的植物种类被限制在很少的几种。如果你是个不折不扣的园艺爱好者，肯定会喜欢经典的群植模式。在这里，你可以把所有喜欢的植物用到花床中，前提是它们彼此能和谐相处，并与周围的环境相匹配。由于用的品种比较多，所以花床几乎一年四季都可以繁花似锦。我见过太多的园艺爱好者在某本书或杂志上见到一个花床，

小窍门

盆栽植物也十分适合放在乡村花园的阳台、休憩处，或短期替代那些临时死掉的宿根植物或月季。除了常用的薰衣草或百子莲外，大丽花以及很多宿根花卉都可以用于盆栽。

巨石已成为装点花园的常见元素。结合现代感十足的造型，与紫红色卷心菜一同打造出一个崭新的花园景观。

就想完全按照上面的复制。这样肯定不行，原因很简单，书或杂志使用的图片中显示的通常是花床四季中最美的时刻。想要把图中的景观哪怕保持两个月都不太现实。固定又长久的花园美景只有使用株型结构和生长过程变化不大的植物才有可能。宿根中只有某些观叶植物，如玉簪、鬼灯檠，才有可能，还有一些观赏草和蕨类植物。大多数美丽多姿的宿根花卉在非开花季节都不怎么吸引人，因而有其局限性。所以可将它们与其他不同花期的品种混合种植，便可使整个花床的花期延长。

在群植中可以有无限的设计空间。宿根花卉品种繁多，选择起来也比较自由。但要注意下面几点。

花床中央种满紫色熏衣草，两侧配上粉色匍匐百里香，整体效果十分和谐。

群植宿根叶片的色彩也十分重要。黄绿色的牛至与小茴香的红色叶束对比起来十分协调。

❏ 多样性只能通过比较多的品种和由它们组成的小群体才能体现出来。

❏ 不同的植物群体（主体宿根、陪衬宿根、填充宿根）一般需要有相近的尺寸，这样它们组成的大面积整体画面就会比那些由尺寸不一的群体组成的画面更和谐。

❏ 如果想打造小面积花床，应提前规划好植物的种类和数量，比如若花床面积只有10平方米，最多只能选择5个植物品种。

❏ 按照主体宿根和陪衬宿根的设计模式规划花床比较简单。主体宿根使花床有了大概的棱角，它们通过独特的结构或花色构建了植物群的骨架。选择主体宿根时应优先考虑花期错开的品种，如初夏可用芍药、鬼罂粟或飞燕草，接着可用乌头或翠菊。

❏ 陪衬宿根与主体宿根的功能不同。它们株高可以不一致，颜色可以不一样，幅宽可以不同。在主体宿根深蓝飞燕草旁，可选择浅蓝的风铃草作为陪衬宿根。

❏ 最后是填充宿根和覆盖植物——用于填充花床间的空隙，让画面更和谐美观。这时可以根据个人喜好以及景观的整体效果选择植物。猫薄荷、羽衣草、老鹳草等都是不错的选择。

美观且易护理

打造一个既美观又容易打理的花园是许多初级园艺爱好者的梦想。这个梦想并非不能实现。实际操作起来，一个刚入行几乎没有什么园艺基础知识的初级园艺爱好者，有时反而更好掌控。对于较为资深的园艺爱好者，我在设计和应用植物时，通常只会大约满足他们20%的心愿。他们会特别喜欢某种植物，需要某种特定的花园风格，有很多花床色彩搭配的想法。毫无疑问，所有这些要求都是合理的，就是有些太多了。实践上我碰到过很多花园主人，只要最后花园景观达到了他们所期待的效果就十分高兴感激，至于是否用上了所有喜欢的植物已经无所谓了。

如果想在乡村建一座既现代又打理简单的花园，或在城市造一座乡村花园，右图就是个最好不过的例子。花园里的植物最好选用周围已有的本地物种。

绣球在这里就是一个很好的选择：花量大且十分皮实。乡村花园里的植物通常都自生自灭，园主很少有时间打理，敏感的植物不易成活，绣球却从未让它的主人失望。它的唯一缺点是小的幼苗不耐霜冻。因为大多数品种开花的枝条都是去年的，所以如果有倒春寒花朵就会很脆弱。不过有一类乔木绣球是在当年的新枝条上开花。如果受冻了，花期会晚一些，但肯定还会开。特别是乔木绣球'贝拉安娜'，由于花朵巨大、花期长而在过去几年非常受欢迎。右图的例子中一大丛'贝拉安娜'与灌木黄杨种在一起，前方是蔓延迅速的羽衣草。

以少胜多，而且护理简单

绣球、灌木黄杨和羽衣草，这三种植物就可以组成一个和谐、现代且与乡村风格相协调的花园美景。即使在冬季，花期已过的绣球叶群还可以与经过修剪的绿色灌木形成和谐的对比。羽衣草花期过后，在6月修剪一次，便可从仲夏至秋季再开出黄绿色花簇来装点花床。此外，它还有个很好的替代品，欧洲林石草或花叶玉簪。

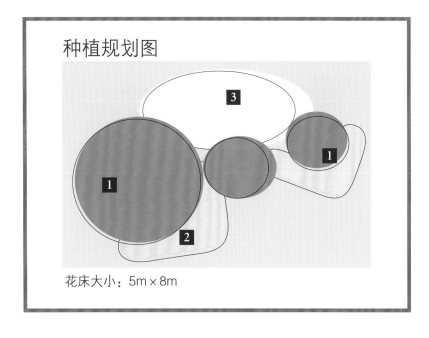

种植规划图

花床大小：5m×8m

植物清单：

1　　　5　黄杨　　　*(Buxus sempervirens)*
2　15~20　羽衣草　　*(Alchemilla mollis)*
3　　　9　乔木绣球　*(Hydrangea arbores cens)*

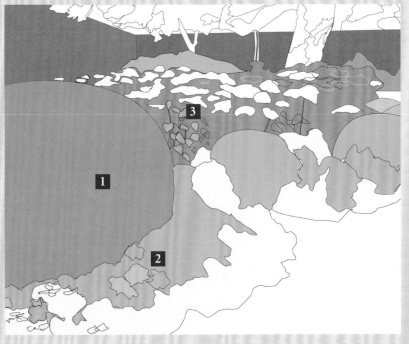

月季——变化的主题

1 浓香蔷薇，能给花园中的休憩处带来别样的氛围，是乡村和古典气息的最佳结合。

2 树状月季适宜营造怀旧氛围，注意选择抗性强的品种。

3 古典月季适合任何风格的乡村花园。其无与伦比的美丽不仅适宜传统的村舍花园，也适合时尚的现代花园，如果重瓣不多，还适合原生态的乡村花园。

4 '漫步者'攀缘性很强，枝条能长到十几米长。不仅适宜打造月季拱门或栅栏，还可用于装饰墙面。

5 藤本月季适宜较小型的花园。如果既想装饰树木又不想占据太大空间，藤本月季是最佳选择。

新型菜园

虽然本书主要介绍如何在乡村花园里种植和搭配宿根花卉及灌木类花床，但是作为乡村花园的经典元素——菜园也不可或缺。对很多人来说，香草、沙拉生菜、豆类和卷心菜是菜园的必种植物。从自家菜园里采回新鲜的沙拉生菜或香草作成美味的辅料该有多美呀。下面的情景你可能也很熟悉：虽然只想去菜园快速挑几棵新鲜蔬菜，可进去后这儿摘摘残花，那儿修修剪剪，过了好久才愉悦地回到厨房。

如果你计划建造一个菜园，无论在城市还是乡村，去农夫花园看看一定会有收获。不同的地区花园设计的类型和特征差别很大。有的农夫花园会让你联想到严格的规整式花园模式，对称的中轴线，由黄杨隔开的菜园区——就像在修道院花园一样。有的农夫花园，特别是在南德或奥地利，只被简单的灌木隔开或围起来。它们的共同点是菜园里种的植物：蔬菜、香草植物、药用植物、低矮果树和观赏植物。传统的农夫花园实际上就是个菜园。

传统和现代

从右侧花园可以看出，传统农夫花园的设计原则在今天仍然有效：低矮的黄杨把大花床围起来，一年生的金盏菊、百日草和金鱼草种成窄窄的行，还可以用蔬菜类，如洋葱、胡萝卜或甜菜等替代切花类。选择植物时花园主人可以充分发挥想象力，凭借个人喜好，选择自己特别偏爱的花草和在厨房里经常用到的蔬菜或香草。

花床的灌木栅栏除了美观和隔离效果外，还有个十分实际的用途：5月，第一批种子开始成熟时可能会遇到倒春寒，此时这些灌木可以挡住寒冷的风使植物免受冻害。因为灌木长得很慢，所以在建造花园时这种篱笆投资很大。如果有足够的耐心，也可以自己扦插繁殖。注意第一年必须保持土壤湿润。

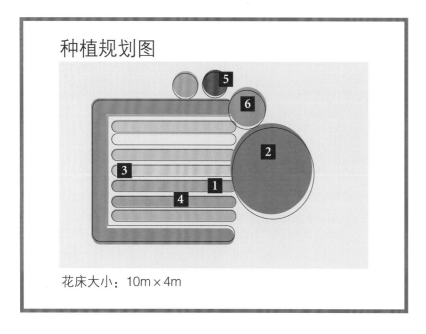

种植规划图

花床大小：10m×4m

植物清单：

1	7~10	金盏菊	(*Calendula* 'Porcupine')
2	10~15	矢车菊	(*Centaurea cyanus*)
3	20~30	百日草	(*Zinnia elegans*)
4	10~15	金鱼草	(*Antirrhinum majus*)
5	1~5	大丽花	(*Dahlia*-Sorte)
6	3~5	福禄考	(*Phlox paniculata*)

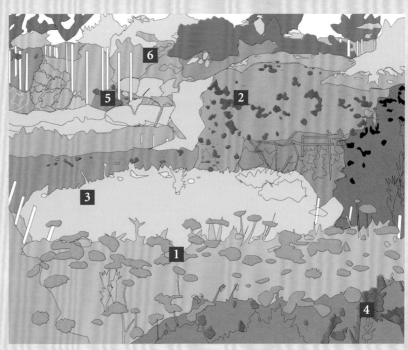

创意菜园

在花园种菜已愈来愈流行，人们喜爱种的蔬菜从土豆、沙拉生菜、西红柿、扁豆到芦笋，以及很古老的蔬菜如欧防风。这几年家庭菜园已经彻头彻尾的复兴起来，许多农夫把靠近城市的耕地分割成小块，租给喜爱园艺又没有自己花园的爱好者。3~10月，这些临时主人会花费大量的精力种植各种蔬菜、香草植物和花卉，并借此积累了许多种植经验，创造了很多新的菜园模式。经过一天的辛勤劳作，这些"园丁们"带着满筐的蔬菜和花朵愉快地回到城里。他们并不是想通过种菜省钱——自己种植蔬菜一般比直接买还要贵，而是想体验播种、除草和收获的感觉。

沙拉生菜和香草园的新格局

拥有和设计自己的菜园并不是大型乡村花园主人的专利，在一个相对小的城市花园里也可以实施。从下图的例子就能看出，菜园也可以很有趣，也可以在一个面积较小的花园里扮演主角。这里各种植物按照不同的颜色和叶形成排种植，看起来很美很有条理。旁边比较高一些的是木制露台，在这里花园主人可以和家人、朋友举办各种花园聚会。

由简单的木板打造的抬高畦床，现代感十足。

盆栽的植物还可作为花径两旁的装饰物。晚夏以一年生蔬菜为主，园中橙红色陶盆里种的是旱金莲。

聚餐时别忘了从菜园里摘些自己种植的蔬菜，感觉一定非同一般。种植沙拉生菜、甘蓝、西葫芦时，最好直接购买种苗，每隔3周种一批，这样可延长收获时间。

种在容器里的香草还可以作为花园装饰物，上侧右图中便用来作为十字路口的标志。这里给菜园种植者一个有用的建议：根系发达的香草，如欧薄荷、柠檬薄荷（香蜂花）等一般可种在陶盆里或香草园的地埂上，这样它们的根就不会在菜园里四处扩散而影响其他根系弱的蔬菜。不耐霜冻的香草，如迷迭香，最好种在大盆里，便于在冬季时搬到室内。

蔬菜或香草园不一定非要很浪漫（如左上图），可以和现代的花园设计很好地结合。类似的设计还可以应用于其他花园，如城市屋顶花园和阳台花园。

左图：菜园也可以这么美！不同颜色和叶形的蔬菜组成一幅优美画卷。

乡村花园的蔬菜种类

名字	栽培建议
扁豆	5月种植，2周一拨
沙拉生菜	9~11月播种，12月至次年3月采摘
小茴香	5~6月露地撒播，播种3个月后收获
南瓜	育苗或买种苗种植
胡萝卜	5月露地播种
欧防风	3~5月播种
芝麻菜	3~9月播种，6~10月收获
甜菜	5~6月播种，育苗，10~11月收获，适宜砂壤土
西葫芦	5月播种，2~3棵种一起，雌雄异株便于授粉

蔬菜床和花朵

1 城堡花园里通常都有自己的菜园。在这里，各种蔬菜、水果和可食用的观赏植物种植在一起。随着时间的推移，通过不断地实践，园丁们逐渐摸索出了一些植物搭配的准则。

2 色彩丰富的蔬菜还可以作为花园里的装饰品，其中蔬菜与观赏植物之间的色彩对比很受欢迎。这里是用甜菜和红花鼠尾草的颜色进行对比。

3 结构井然的蔬菜床也属于经典乡村花园的一部分。

5 在庭院里种蔬菜可以创造很迷人的效果，并能在小花园里注入乡村风情。

4 由观赏蔬菜、夏季花卉、香草和宿根组成的混合搭配，管理起来并不复杂。可先种些宿根做骨架，然后按照自己的意愿在空处填种一年生植物、球根或蔬菜，这样每年都可欣赏到不同的花园景观。

6 观赏蔬菜常常闻起来也不错。有的羽衣甘蓝品种既可作为花床里的装饰物，也可收获食用，一举两得。

花园里的栖息地

花园不仅是人工隔离出的物理空间，也是很多生物共同生活的空间。有些园丁或学者甚至把花园当成一种生境，这在一定程度上也是对的。有些私家花园的面积比较大，以致自然而然的成为其他生物的生存空间。无论花园被设计成什么风格：鸟儿会在这里筑巢，刺猬会来找食物，每天会有无数的昆虫拜访。蚯蚓和微生物使土壤中有机材料的转换顺利进行。虽然大多数花园还难以成为一个生态平衡的生物空间，但这里就是一个很多

由光滑的柳条编织的鸟巢是鸟儿们休憩的地方。

生物的共同生活体。因此对花园里生物多样性的保护就十分重要。与在开阔的乡村不同，能够在拥挤的城市里找到这么个繁茂的植物群落对小动物的生存十分重要，这一点，园丁们早已心知肚明。甚至有些

执着的园丁在自家花园里试图人为地为它们制造一个仿照自然的生存空间，这种想法十分可贵。

自然栖息地

人们必须首先了解花园是什么：一个彻底的人造工厂，同时又具有自然环境的特征。因此最好的花园是那些设计完美，对其他物种也十分有吸引力并谨慎施工而成的花园。如果放任花园不管，便很难形成生物多样性，因为生命力强的健壮物种会很快占据上风。很多人都见过：荒废的花园里羊角芹、荨麻和桦木统治着植物群落。如果想有一个亲近自然的乡村花园，将有很多工作要做。付出才会有收获！现代的花园设计者已经很清楚，如何在一个亲近自然的花园里发挥创造力，如将草原的生境融入花园设计等。这里有很多种惊艳的设计风格可供选择。

右图：由观赏草和高大宿根组成的花床比常规宿根花床更自然。

乡村花园的代表性植物
——虞美人。

以开阔的乡村花园为蓝本

想拥有乡村花园的主人，不会认真去思考花园的实用性。他们只想将最美的设计应用到自己的花园中。我把一些比较重要的注意事项归纳汇总，你就会明白如何通过合理地种植来达到这个目的，当然这些都很简单。

❑ 你家附近的原生态乡村花园就是最好的样板。在你所在地区去寻找，无论森林、草坪还是池塘景观，都可以找到值得借鉴的地方，并能在自己的乡村花园里予以实施。

❑ 可以用一些简单的方法来展示乡村花园的标志性特征。如你居住的地区以产葡萄酒出名，那就让葡萄作为乡村花园的主要植物。除葡萄之外，还可以种些其他果树。

❑ 乡村花园的色彩运用也十分重要。当你驶入一个乡村原野时，目光所及会长久停留在脑海中：绿色的草坪、红色的虞美人和荒坡上蓝色的矢车菊，或者一望无垠的金黄色油菜田。在自家花园也可以通过有目的地选择花卉色彩来达到类似的效果。

花园中的"原野"和"森林"

人们大多喜欢使花园里的所有部分都很精致，这其实可以理解：花园是一个人造的生活空间，是用来发挥人们创造力和想象力的场所。而亲近自然的乡村花园并不是独立存在的，它必须设计得与周围环境融为一体。但这并没有限制花园主人的创造力，正好相反：没有任何花园风格能让你把草坪和原野，走廊和森林如此完美地结合。

右图：乡村花园的基本理念和亲近自然的植物群落完美结合，如梦境般美丽。

这两页的图片就是很好的例子：158页的例子展示了两个对比强烈的色块，窄窄的花径一侧环绕的是大片的红色虞美人，边缘种有蓝白相间的鸢尾，另一侧种有混色的鸢尾。这种色彩的搭配很有乡村特色，如果从远处看整体效果更好。这种无需过多打理的环境和清晰的色块是典型的乡村风格。我十分确信，大多数人想象中的典型野花束是这样的：红色虞美人、蓝色矢车菊和白色滨菊搭配组合。如果有足够的空间，还可以种些钟穗花。能够有一段时间在自家花园里欣赏到如此美丽的色彩组合是一件很享受的事。在新建成的花园里这样设计有很多优点。一方面它们可以作为基肥改良土壤，另一方面相对于宿根花卉和木本植物，这种设计的成本更低。

第二个例子见本页下图。一排稀疏的树木下是修剪成球形的矮灌木行，周围布满了杂草和球根花卉，以及峨参等娇嫩的野花。整个画面看起来就像一片原始森林。

植物和昆虫

1 赤条蝽因色彩斑斓而十分醒目，主要危害胡萝卜、茴香等伞形花科植物及萝卜、白菜、洋葱、葱等蔬菜，也可危害栎、榆、黄菠萝等。

2 蝴蝶通常喜欢寻找花蜜多的植物。

3 熊蜂对食物不是很挑剔，如果不能从上方接近花蕊，就会从下面抄近路爬上去。

4 蜻蜓喜欢把卵产在芦苇秆上。如果建有池塘，就会看见花园里有很多似彩虹的"小飞行表演器"。

5 黄蜂会捕捉苍蝇和其他害虫，可惜很多人把黄蜂当成负担。在一个亲近自然的花园里它们是生物防治不可或缺的杀虫剂，而且它们的蜂窝还是一件很棒的艺术品。

6 毛毛虫在花园并不受人待见，因为它们经常啃食叶片。很多毛毛虫以荨麻叶子为食，建议在花园角落种几棵。荨麻还特别适宜制作绿肥，用来滋补花园中娇贵的植物。

规划过却很自然

如果你喜欢原生态的乡村花园，又不想没有经典的宿根花卉，最好的解决办法就是以一种野生群植的方式种植宿根花卉。如果宿根品种选择得当，就能达到一种很自然的景观效果。这时要注意植物的选择最好因地制宜，只有植物能适应花园的环境，花床的效果才能以最佳形式展现出来。比如在一个天热时失水很快的地方，如砂壤土中种需水量大、喜爱肥料的宿根植物，效果肯定不好。但是如果在这种地方种植观赏草或需光强、耐干旱甚至喜旱的宿根，就能变腐朽为神奇。如果在英国村舍花园或现代乡村花园里使用新育成的观赏植物，建议尽量使用颜色和长势与原生种变化不大的品种。

光照充足处

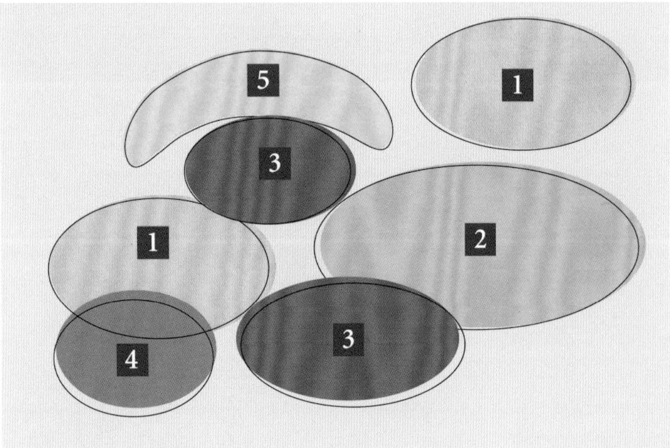

右图例子中选用了一些能在光照好，不太干燥的普通土壤上长势良好的宿根，所有的品种都不是娇惯敏感型，而且花期比较长。此外，植株的株型结构在盛花期后也变化不大。所有被选上的宿根都有野花的特性：小花，单瓣。相对而言，芍药和飞燕草在这种结构里就显得比较粗犷。

还有一种很有价值的大型宿根，比较适合光照充足的地方：俄罗斯糙苏。这种宿根叶片宽大，叶色暗绿，可形成一层厚厚的"绿毯"，花茎能长到70厘米高，球状花朵形成不同的层次，并能保持到冬季，花穗干枯后还可以用作干花。林荫鼠尾草开的是明亮的蓝紫色花穗，这种长花穗宿根近几年越来越受欢迎。鼠尾草能吸引很多昆虫，是花园里不可或缺的选择。深红色的大星芹使花园看起来很自然，伞形科的花卉在夏季还可以再开一季，有白色和玫红色的渐变品种。花境可以用高秆的美洲决明和老鹳草来填充。

种植规划图

花床大小：3m×4m

植物清单：

1	2×5	俄罗斯糙苏	(*Phlomis russeliana*)
2	5	林荫鼠尾草	(*Salvia x sylvestris* 'Viola Klose')
3	2×5	大星芹'葡萄酒'	(*Astrantia major* 'Claret')
4	1	美洲决明	(*Thermopsis villosa*)
5	3~5	老颧草	(*Geranium* in Sorten)
6	5	林荫鼠尾草	(*Salvia nemorosa* 'Amethyst')

草地花床

原生态的乡村花园绝不是懒人花园，但也不会比其他风格花园更费事。由于花床里长有密集的植物，所以无需垦地等土壤整理工作，也很难看到杂草。这几年草地花床又流行起来，但是很少有人知道如何将这种迷人的植被融入自家花园里。仅仅买个杂草混合的种子袋是不能解决问题的。

首先要整理土壤。土壤的质量十分关键，并不是所有土壤都适宜植物的生长，如果在选择植物时没有考虑土壤的特性，后面会很难继续。一个很好的例子就是滨菊。在很多野花组合里都有它，因为它是乡村原野的完美典范。它在砂壤土中繁殖较慢，但在黏性土壤中要不了几年就能统治整个花床。

土壤决定草地花床的质量

品种繁多的草地花床在贫瘠的土壤上才能维持长久。我可以用我的亲身经历告诉大家，要想把花园里的肥沃土壤改造成适合很多品种生长开花的土壤类型有多难。有一个水果园，下面的土壤经过十几年的营养积累，已经十分肥沃。刚开始种了一些美丽的开花植物，后来就演变成了几米高的灌木丛，除草本植物外，其他的都被老颧草和聚合草统治了。通过加入沙子、

在一丛花草的环境中吃早餐应该是很少见的吧。如果想要这种设计，在做花园规划时就必须考虑到。

很多草类即使在光照很差的地方也能开花。有的草类还能适应树荫下的干旱处。

碎石或其他腐殖质含量少且透水性好的土质，可以让这种土壤变成适宜种植侵略性小的草类和伞形科、唇形科等喜热植物的土壤。如果你的花园土壤也十分肥沃，最好用类似草类的宿根替代草坪。宿根以野草形式种植还可以提供很多色彩组合。从右下表可见，有很多适宜的宿根品种。此外，可供使用的面积也十分重要。草地花床需要一定的面积来形成一个小型的生态系统。草地每年要修割两次，之后不久就会萌发新芽。

左图：草地花床第一年的效果图。滨菊被虞美人和矢车菊环绕着，过不了多久这里就会被滨菊统治。

适宜草地花床的宿根

拉丁名	中文名	花色	植株高度
Geranium pratense	草原老鹳草	淡蓝色或白色	80 cm
Leucanthemum vulgare	滨菊	白色	60 cm
Lupinus polyphyllus	羽扇豆	蓝色	70 cm
Polygonum bistorta	椭圆叶蓼	浅玫红色	1.2 m
Salvia pratensis	草地鼠尾草	蓝紫色	40～60 cm
Saponaria officinalis	肥皂草	玫红色或白色	80 cm
Silene dioica	异株蝇子草	玫红色	80 cm
Tanacetum vulgare	菊蒿	黄色	80 cm
Tragopogon pratensis	婆罗门参	黄色	1 m

充足的光照和适宜的土壤使滨菊、绣球和毛剪秋罗生长得十分好。

季节性亮点

好的花园设计有个基本原则：随季节变化的花园亮点胜过永久不变的单调。花园亮点的分配和组合可以在某个花床里实现，也可以在设计整个花园时考虑进去。在一个面积比较大的花园里可以有多个花床和绿地，这种效果比较容易达到。3月可以在草坪上种很多番红花和西伯利亚蓝钟花来制造亮点。6月的玫瑰，7月、8月色彩亮丽的宿根花卉都是打造花园亮点的不错选择。不必将所有亮点都设计在一个花床中，但是如果由于花园条件的限制只能这样做，下面有几个很好的建议供参考。

❏ 每个月突出一种最爱的花卉。3月冬菟葵或雪滴花，4月三蕊水仙，5月晚郁金香，6月蓝色飞燕草，7月福禄考等。在小花园里注意尽可能让植物的开花时间错开，或计算好在开花间歇用持续开花的宿根来填补。当主人最爱的植物含苞待放时，可用颜色浓郁的宿根花卉来使花园始终保持活力，比如猫薄荷和老鹳草等。

❏ 许多花期早的球根花卉，在生长期间需要大量的光照，然后就开始休眠好几个月。球根花卉不一定非要种在花床前面，可将三蕊水仙这类叶片容易枯萎的高秆品种种在花床中央，后面最好种些宿根作为背景。

右图：夏末的花园由花色温暖的菊科类，如翠菊、一年蓬和金光菊统治着。

❏ 尽可能让容易倒伏的宿根被邻近的植物支撑着。高大的蓍草单独种植时花朵容易垂到地上，如果把宿根种得很密集或将其和茎秆粗壮、半高秆的植物混种，倒伏的可能性会减少很多。

❏ 可以考虑在花床里种些灌木。矮灌木，如金露梅、绣线菊等也很适宜作为填充植物，它们单独种植似乎并不那么壮观，但是跟宿根花卉搭配起来效果就很好。

❏ 如果想要繁花似锦的效果，仅靠宿根难以达到，可以用一些不耐霜冻的植物和一年生植物搭配种植。每年可以以不同的形式，用一些临时植物让花园在短期内成为花的海洋。

树荫下的生命和色彩

或许在你的花园里已经有一些很老的树，如果将这些树下重新布局、改造，又可以使它们重放光芒。这些老树的树冠没有完全闭合，还能透光、透水，可以将植物种到其根基部。

在我们的花园里通常会有很多老的苹果树、梨树或樱桃树，它们有的经过风吹雨打已变成了如画的老古董。这些老果树既可以在花园林地，也可以在花床里很好地与环境融合。因为与其他树木相比，它们的树形随意、不规则，能像变色龙一样适应周围的环境。这个时候很多花园主人想到了攀缘月季，几年后如果这些月季能缠绕着树干生长，并开满花朵，一定十分美丽。但是要注意，很多流行品种，如'保罗的喜马拉雅麝香'或'凯菲兹盖特'长满树干后，收获水果或修剪枝干将十分困难。如果还想收获果实，在计划种植此类到处是刺的攀缘植物时要仔细衡量。

稀有性和普遍性有机结合

右图的例子里可以看到许多宿根花卉融洽地生长在老树下，组合完美。有意思的是，有花园宝石之称，起源于喜马拉雅山脉的大花绿绒蒿和彻头彻尾的森林草原植物结合在一起，如开红花的异株蝇子草。这个丛生的宿根花卉可以长到80厘米高，花期一直持续到冬季。它几乎在地球的所有大陆上都能发现，在自然条件下喜爱半阴处，容易自播。它的花朵为玫红色，并不是特别亮，所以可以跟所有的蓝色花卉很好地组合，而且花朵较小，没有很厚的重瓣花穗，还可以给相邻的植物留出足够的生长空间。还有一种很美的伞形科植物——欧洲没药，也十分适合与大花绿绒蒿搭配。它的叶子像蕨类植物，花朵如白伞状，喜爱半阴处，放在哪里都不会成为负担。如果有一天你觉得它碍眼，可将其修剪至与土壤齐平的高度，4周后它又会满血复活。

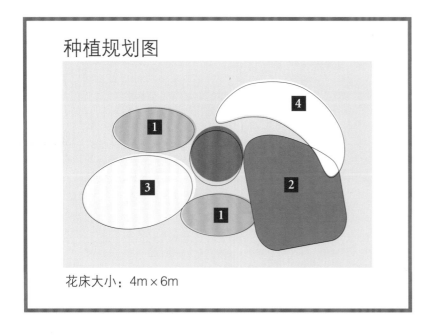

种植规划图

花床大小：4m × 6m

植物清单：

1　2×8　大花绿绒蒿　(*Meconopsis grandis*)

2　10~15　异株蝇子草　(*Silene dioica*)

3　10　欧洲没药　(*Myrrhis odorata*)

4　20　圆头大花葱　(*Allium rosenbachianum* 'Album')

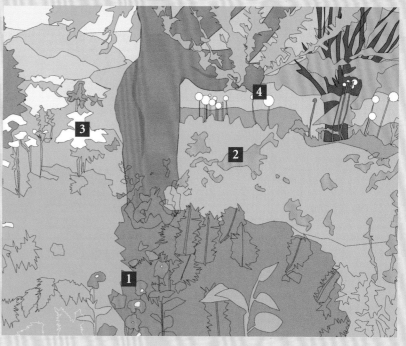

4月，在稀疏的欧榛灌木丛下开满了像地毯一样的蓝铃花。

树荫下的多样性

相对于干燥处，花园中的遮阴处一般都被园丁们忽略了。因为所有人第一眼都觉得在这里种植会有困难或者有可能限制其创造性，而事实上正好相反。如果仔细研究一下这些地方的特殊环境条件，就会发现还有很多花园植物能在这里找到安身之处。在亲近自然的花园里，除了要注意基本的环境要素，如气候、土壤特性等，还要注意现有的植物对周围环境的影响程度和未来的发展趋势，因为植物群落变化起来也很快。植物之间的关系或多或少地影响着景观的整体结构和骨架。树木作为花园里最大的植物，种在任何地方都注定是个显眼的角色。树的高度和冠幅必须与其生存条件和环境相适应。同时，树荫下种植的植物也必须能与周围的环境相适应。如秋天的落叶会改变土壤的pH值，以致对有些植物十分不利。如雪玫瑰在酸

建议

如果在树下种球根类植物，花期过后还应该将空间留给它们，这样来年它们还能重新开花，如蓝铃花、番红花以及其他小的球根花卉。

右图：圣诞玫瑰（铁筷子）是最壮观的早春花卉。它们自播自繁，互相杂交。

性土壤里就长不好，也有一些宿根，如荷包牡丹就不喜欢碱性弱的土壤。

天然花毯

树下可以创建很多生命共同体，特别是在春天的时候。球根花卉能利用地下器官克服不利的环境条件：长期干旱和缺光。这类植物有块茎、鳞茎和根茎类等，统称地下芽植物。有些地下芽植物生长在树下光照较弱的地方，它们是大自然送给我们的礼物，并且能够在早春叶片还没有长出时就花开遍野，花期过后叶片才舒展开，并开始用较大的叶面接收光照。在自然条件类似的地方，你会看到厚厚的叶片伴随着银莲花、紫堇、雪滴花和熊葱等开成花毯。这类植物只要大面积种植，在花园里的效果就十分明显。如果条件合适，花期过后这些植物还可以自播，年复一年植物密度越来越高。盛花期后可以用耐阴的玉簪代替，除此之外还有很多宿根也适宜在半阴条件生长，比如圣诞玫瑰等。育种家已将圣诞玫瑰培育出不同的颜色，有深红色、玫红色、白色和黄色等，无论单色、渐变色还是混色，看起来都很美。如果在2月盛花期前对其进行适当修剪，分枝会更多。

乡村伴侣

乡村花园的植物

　　无论是在乡村建一座大花园，还是在城市建一个乡村风格的小花园，植物永远是花园里最重要的角色。下面介绍的植物中总有一款适合你。

　　飞燕草、芍药、毛地黄和滨菊几乎属于经典乡村花园中的固定植物。当然，你还可以在植物清单里加入大丽花、鬼罂粟和绣球花等。不同的人对乡村花园有不同的构想，因此花园中植物的搭配方式也不尽相同。规整的农夫花园中，植物被主人注入了很多个人情感，丁香的香味、樱桃的甜美都能勾起儿时在乡村生活的回忆。爷爷、奶奶朗诵的诗，讲述的故事和童话，与乡村花园紧密联系在一起。乡村花园的风格有很多种，植物选择也多种多样。通过选择特定的植物可以在花园里打造出特定的格调。前面章节介绍过的乡村花园类型——从英国村舍花园、规整式花园到原生态花园——能给你一个很好的方向和模板。无论选择什么类型的花园，对植物的要求都是一样的：在花园里能健壮成长，不需太多额外的管理。在经典乡村花园里大多是那些花量大，无需很多护理就可以茁壮成长的植物。

植物讲述着引人入胜的往事

　　很多乡村花园里的经典植物，如芍药、耧斗菜等早已出现在中世纪修道院的花园植物目录中，还有一些植物很早就作为药用而被种植。多花菊、肥皂草曾经是最重要的染色和洗涤原材料。此外，还有一些植物已成为花园艺术文化中的标志性植物，如水仙、郁金香和铃兰等便是春天的象征。

　　很遗憾，我们还看到一些相反的潮流，某些农夫花园中的经典植物，如花葱、菊蒿、红花糖芥等已慢慢从我们的花园中消失。以前这类植物的种苗或种子经常在花园主人之间互相传递，星星之火就可以燎原。现在人们渐渐丧失了交流的传统，更倾向于去购买，而这类植物在现代苗圃已很少生产。例如二年生的红花糖芥，如果自己专门播种又不值得，可是它独特的香味和色彩是其他植物无法替代的。如果让红花糖芥成熟结果，它就会自播并长出幼苗，于是可以移栽到花园别处或分享给附

大丽花是乡村花园不可或缺的组成部分。它的花量和高大株型让人印象深刻。

近花友。中世纪修道院中的人们将起源于欧洲其他地区和亚洲的植物带回来，种在自家花园里。通过这些修道院花园的传播，这些来自远东的香草和宿根花卉来到了普通的农夫花园里。例如很多喜光的艳丽宿根，如堆心菊就来自北美。在花园栽培历史中总会有一些植物来自地球的另一端，所以对现代乡村花园来讲：有一些农夫花园的经典植物，也应该有一些新的来自不同地区的"新鲜客人"。

巨大的变化

乡村花园的独特性是：当你把花床的基本框架确定好后，植物的种植就是自由的，而且还可以有所变化。没有必要所有的花床都千篇一律，这样，每年花园的面容都会不一样。此外，同一个花床里的植物过冬后花期可能会推迟几天或几周，有时这种花期的延迟反而能产生意想不到的效果。

寻找植物

如果想寻找某个特定植物，首先会想到附近的苗圃或种植基地。此外，还可以通过网络方便地订购到。如一些老蔬菜品种、一二年生花卉的种子和某些少见的宿根花卉等。

要敢于尝试！如果你已开始投资建造乡村花园，就可以完全按照自己的意愿去苗圃和种苗场寻觅、收集自己钟情的植物。最好让苗圃专家给你些建议。传统的育种家，如卡尔·福斯特（Karl Foerster，德国著名的宿根育种家、园艺作家和花园哲学家）和阿德尔伯特格·奥尔格（Georg Adalbert Arends，德国重要的植物育种者和园艺家）都特别喜欢寻找新的宿根品种。这些新品种有着吸引人的花色和外形，

三色堇也是乡村花园中的常客。

花量大的月季、飞燕草、毛地黄、虞美人、耧斗菜和香石竹等将花园景观填的满满的，谁不想在这样的花园里多待会儿呢？

抗性好、易养活。此外，在过去几年中还新增了很多具有野生植物特性的宿根品种，这些品种的聚集对乡村花园来讲再好不过了。要想找到心仪的植物可以去专业的植物卖场，那里会有很多苗圃和育种家聚集在一起展示它们的产品。即便我曾以为花床里已经满得插不进脚，可每次载着满满一车宝贝回家后，总能在花床里找到位置种下去。在很多城市会有植物交易市场，园艺爱好者在这里出售自己的扦插苗或自家花园的产品。

作为园丁，你的工作将永无止尽，而且乐此不疲。你肯定也曾经有过这种经历：总想不断地折腾花床，如果没有理由就自己找一个来。前面已讲过，新进来的植物在不同的花园、不同的地方长势也会不同，有的长得很慢，而有的经过一年就浓密丛生。于是，园丁们就会重新整理花床，分离植株种到别处。

宿根植物

▌ 飞燕草
Delphinium-Hybriden (Ranunculaceae)

花色：**白色、深蓝色**　　花期：**夏季**
株高：**80～180 cm**

高大直立型宿根，偏爱有阳光和营养丰富的地方。高秆品种可以做一个支撑，防止倒伏。美丽的花朵从高大紧缩的花穗中抽出，盛花期后通过修剪可以再开一次。

▌ 羽扇豆
Lupinus polyphyllus-Hybriden (Fabaceae)

花色：**白色、粉红色、红色、橙色、黄色、蓝色**
花期：**夏季**　　株高：**80～100 cm**

这种色彩艳丽，像个圆柱形葡萄串的宿根小规模群植是最值得一看的景观。喜欢略施薄肥。特别偏爱酸性土壤和有光照的地方。可通过积累氮化物来改良土壤。修剪残花能促进萌发新枝。

▌ 荷包牡丹
Dicentra spectabilis (Papaveraceae)

花色：**白色、粉红色**　　花期：**初夏**
株高：**70～80 cm**

细长的、稍微拱起的枝条下挂满枚红色心形花朵，每个花朵下面都有滴白色的"泪珠"，这种古老的农夫花园植物给花园增添了别样的风情。蓝绿色叶子分叉很严重，夏季盛花期后会逐渐愈合。适宜作为切花。

4 芍药

Paeonia officinalis (Paeoniaceae)

花色：**白色、粉红色、红色**
花期：**初夏** 株高：**70 ~ 80 cm**

这种多年生的草本宿根能长成枝叶繁茂的小丛灌木，很多品种会开重瓣的粉红色或紫红色的花朵，而且香气四溢，花径可达7 ~ 13cm。

5 福禄考

Phlox paniculata (Polemoniaceae)

花色：**白色、粉红色、浅紫色、红色**
花期：**夏季** 株高：**50 ~ 150 cm**

类似葡萄串的伞形花序花色艳丽，花香浓郁。这种火焰似的花是经典的群植宿根花卉，品种繁多。需肥量大，喜欢营养丰富的腐殖质土壤。容易患灰霉病和茎线虫病。

6 蓍草

Achillea filipendulina (Asteraceae)

花色：**黄色、红色** 花期：**夏季**
株高：**100 ~ 120 cm**

在有光照的花床里，这种花期长、像草本植物的宿根生长最旺盛。花托由大量的圆锥状小花球组成。根系十分发达，在花园里扩展迅速，所以不易种植太密。干燥时要浇水。也可以作为切花和干花。

自播植物

1 蜀葵
Alcea rosea (Malvaceae)

花色：**白色、粉红色**　花期：**夏季至秋季**
株高：**220 cm**

这种高大的美丽植物最好沿着墙壁或栅栏种植。长长的茎秆上开满单瓣或重瓣的花朵，如果花穗太重，最好给以支撑。二年生植物，但实际上也可以多年生。天气恶劣时容易得根腐病。

2 桂竹香
Erysimum cheiri (Brassicaceae)

花色：**黄色、橙色、红棕色**
花期：**夏季**　株高：**20～80 cm**

这种令人瞩目的亚灌木开的花很美，还有香味，同时还是医用植物。喜爱光照充足，营养和氮肥丰富的地方。第一年的冬天应该用云杉树枝保护起来。

3 耧斗菜
Aquilegia-Hybriden (Ranunculaceae)

花色：**几乎所有颜色都有**　花期：**初夏**
株高：**20～70 cm**

适宜作为宿根花床的边界植物，条件合适时可以多年生。育种公司培育出很多不同外形和花色的品种，一般一朵花上会有两种颜色。自播能力强，如果不想自播就得提前准备，如种子成熟前提前除掉。一般可小面积群植在夏季宿根之间，可以填补花期之间的空档。

4 毛蕊花
Verbascum-Arten (Scrophulariaceae)

花色：**金黄色**　花期：**夏季**
株高：**90 ~ 200 cm**

二年生草本，第二年会开出一长串的金黄色小花。
喜欢透水性好的碱性土壤以及阳光充足的地方，适
宜单独种植或群植。

5 毛地黄
Digitalis purpurea (Plantaginaceae)

花色：**紫色、白色、粉红色**
花期：**夏季**　株高：**40 ~ 200 cm**

播种的第二年才开花的毛地黄会开出华丽的、似
葡萄串的花穗，种在较暗的背景里十分显眼。这
种药用植物喜爱酸性土壤，小面积群植效果最佳，
条件合适时繁殖很快。注意：剧毒。

6 须苞石竹
Dianthus barbatus (Caryophyllaceae)

花色：**白色、粉红色、红色**
花期：**夏季**　株高：**60 cm**

二年生植物。第一年形成花芽，第二年才开成花簇。
单瓣或重瓣，单色或多色，有香气。最适合做切花和
群植。

木本植物

1 欧丁香
Syringa vulgaris (Oleaceae)

花色：**白色、紫色**　花期：**春季**
株高：**5 m**

喜欢阳光充足的地方，以及富含腐殖质、透水性好的黏性偏碱土壤。这个在夏季会变绿的灌木5月起就开出香气袭人的花穗。在半阴条件下也能存活，但花量会少很多。不耐水涝。

2 欧榛
Corylus avellana (Betulaceae)

花色：**黄色**　花期：**春季**
株高：**5 m**

夏绿灌木，以果实榛子而出名。市场上出售的榛子实际上是其近缘种紫叶榛的果实。第二年开花，黄色柳絮状的花十分好看。茎秆敦实、直立。生长的最佳地点是光照充足且营养丰富的地方。

3 绣球

Hydrangea macrophylla (Hydrangeaceae)

花色：**粉红色、红色、白色、蓝色、紫色**
花期：**夏季**　株高：**120 ~ 150 cm**

这个夏季常绿的半灌木喜欢位于光照充足或半阴处，适宜营养丰富且湿润的土壤。

4 西洋接骨木

Sambucus nigra (Adoxaceae)

花色：**白色**　花期：**春季**
株高：**7 m**

西洋接骨木属本土植物（德国），特别适宜栽种在原生态的乡村花园中。这种冠幅巨大的灌木对土壤要求不高。聚伞花序中开满白黄相间的花朵，晚夏后结出黑色的小果实。果实含丰富的维生素C，可以用来做果酱或果汁。

5 黄杨

Buxus sempervirens (Buxaceae)

花色：**白色、紫色**　花期：**初夏**
株高：**30 ~ 250 cm**

生长缓慢，是常绿的落叶木本植物，在乡村花园里一般作为较低矮的篱笆隔离。可以修剪成球形、金字塔形等各种各样的造型。由于生长茂密，每4周就要修剪一次。很容易通过扦插繁殖。

大花园里的大型树木

1 夏栎
Quercus robur (Fagaceae)

株高：**40 m**

在中欧广为种植的落叶树种，能存活500～1000年，树干直径可达3m。这种树十分皮实，对土壤要求也不高，果枝上能结出很多果实，俗称橡子。秋季树叶会变成黄色或棕色。

2 椴树
Tilia-Arten (Tiliaceae)

株高：**40 m**

古老的庭院树木。即使修剪很重、很彻底也会萌发出新枝。花蜜丰富，是蜜蜂喜爱光顾的植物。花还可以作为治疗感冒的药茶。

▣ 胡桃
Juglans regia (Juglandaceae)

株高：**25 m**

最古老的果树，果实可以吃。幼嫩时树皮光滑、铁青，成熟后慢慢裂开，颜色变为暗棕色至黑棕色。早春时是落叶乔木里萌发最晚的，比橡树还晚，秋季落叶却很早。木材品质特别好。

▣ 欧洲山毛榉
Fagus sylvatica (Fagaceae)

株高：**45 m**

有很多品种，叶色、叶形、株形各异。适宜做建材或燃烧木材。30～50年后才开始开花，雌雄异株，秋季结果。

▣ 欧洲七叶树
Aesculus hippocastanum (Hippocastanaceae)

花色：**白色、粉红色**　花期：**初夏**
株高：**30 m**

古老的药用植物，起源于亚洲，18世纪到达中欧。5月开始盛开白色或粉红色的花序。秋季结多刺的果实，里面就是如栗子一样的种子。

小花园里的装饰树木

1 挪威枫

Acer platanoides 'Globosum' *(Aceraceae)*

花色：**白色、紫色**　花期：**春季**
株高：**6 m**

德国本地枫树品种之一，不经过修剪就能自然形成球形树冠。秋季结果，叶色呈橙黄色。

2 糙皮桦树

Betula utilis (Betulaceae)

花色：**白色、紫色**　花期：**春季**
株高：**20 m**

松散的鸡蛋形树冠十分优美，树皮呈亮白色，非常醒目，深绿色叶子在秋季时染成金黄色，这些特征使得糙皮桦树在每一个乡村花园里都能成为亮点。叶子和树皮都可以药用。

3 花楸树

Sorbus aucuparia (Rosaceae)

花色：**白色、紫色**　花期：**春季**
株高：**15 m**

可单独成干，也可几株一起长成灌木。5~6月开花，呈伞形花序。早秋结亮红色樱桃大小的果子，可以食用。对土壤要求不高，繁殖起来也很快。

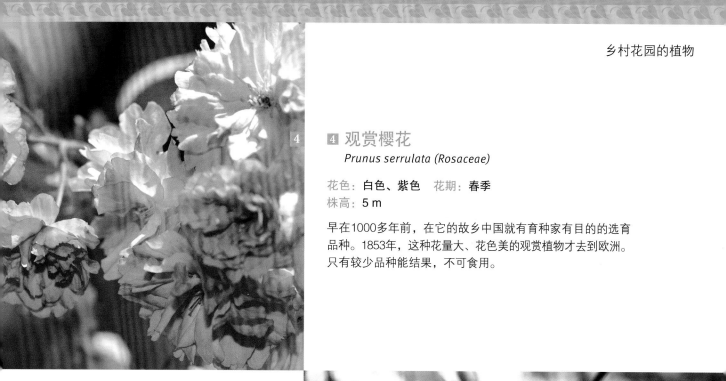

4 观赏樱花
Prunus serrulata (Rosaceae)

花色：**白色、紫色**　花期：**春季**
株高：**5 m**

早在1000多年前，在它的故乡中国就有育种家有目的的选育品种。1853年，这种花量大、花色美的观赏植物才去到欧洲。只有较少品种能结果，不可食用。

5 二乔木兰
Magnolia x soulangeana (Magnoliaceae)

花色：**白色、紫色**　花期：**春季**
株高：**5 m**

由玉兰和紫玉兰自然杂交而成。花径能达25cm。早春时，枝条还没开始萌发就已开花，但是不耐长期霜冻，喜欢新鲜偏潮湿的土壤。

6 彩叶山楂
Crataegus laevigata 'Paul s Scarlet' (Rosaceae)

花色：**白色、紫色**　花期：**春季**
株高：**4 m**

普遍被用来做篱笆隔离带，品种很多。对土壤要求不高。山楂'红衣保罗'能开出重瓣红色花朵，秋季结果，成熟时红色果实很吸引眼球。生长特别繁密，分枝有悬垂性。

可修剪的隔离植物

1 欧洲鹅耳枥
Carpinus betulus (Betulaceae)

花色：与柳絮近似　花期：春季
株高：25 m

欧洲鹅耳枥属于本地落叶乔木（德国）。在宽阔的地方能长成很大的树木，分枝性特别好，适宜做隔离树木。夏季时绿叶繁茂，秋季时树叶会变黄，着色后久久不落。做篱笆时还可以修剪，是规整式乡村花园里理想的视觉隔离和挡风屏障。

2 小檗
Berberis vulgaris (Berberidaceae)

花色：黄色　花期：春季
株高：2 m

这种观叶植物的叶子很亮，秋季会染成华丽的红色。抗风，耐霜冻，耐修剪，可作为造型植物或低矮的花床隔离。枝条和荆棘在较短时间内就可以长得密不透风。这种有刺的野生灌木喜欢有光照的地方，并且有很多品种是常绿植物。红叶小檗拥有特别的红色树叶。

3 山楂

Crataegus-Arten (Rosaceae)

花色：**白色**　花期：**初夏**
株高：**3~5 m**

分为单花柱和双花柱的品种，可长成灌木或小树。有荆棘，直立伞状花序，开白花。亮红的果实在8月成熟。适宜修剪，还是很多动物的栖身之所。

4 石蚕香

Teucrium chamaedrys (Lamiaceae)

花色：**白色、紫色**　花期：**夏季**
株高：**30 cm**

唇形科半灌木，适宜作为低矮的花床隔离。叶片深绿色，2~5cm宽。花朵一层层地开在叶腋之间，花期7~9月。喜欢碱性贫瘠的土壤。古老的药用植物，可治疗咳嗽、痛风，也可助消化。

5 银香菊

Santolina chamaecyparissus (Asteraceae)

花色：**黄色**　花期：**夏季**
株高：**30~50 cm**

花量大，属于有香味的常绿半灌木，有着银灰色的细叶群，特别适合宿根花园和香草园。喜爱光照充足处以及透水性好、略干的土壤。花期后将枝条剪短2/3，促进下一轮开花。不耐霜冻，要注意保护。

引人注目的开花灌木

1 棣棠花
Kerria japonica (Rosaceae)

花色：**黄色**　花期：**春季**
株高：**2 m**

春季开花，花色金黄，重瓣。夏季常绿灌木，种植简单，很适宜原生态乡村花园。根部发达，很快就能形成密集的根系群。花期过后适当修剪。

2 蝟实
Kolkwitzia amabilis (Caprifoliaceae)

花色：**粉白色**　花期：**初夏**
株高：**3 m**

源自中国，特别适宜群植。种植简单，耐霜冻。6月开放甜香味花朵，秋季结满果实。

3 锦带花属
Weigela-Hybriden (Caprifoliaceae)

花色：**红色**　花期：**初夏**
株高：**3.5 m**

亮绿的椭圆形叶片6～10cm长。花朵如钟形，5~6月开花。植株丛生，直立向上生长。生长强健，每4年修剪一次。在阳光充足或遮阴处都能生长良好。

◪ 大叶醉鱼草

Buddleja davidii (Scrophulariaceae)

花色：**白色、紫色**　花期：**秋季**

株高：**4 m**

夏季常绿，喜欢光照充足处以及略干的土壤。花枝顶端形成大的球形花穗。花期很长，散发出的药草味会吸引大量蝴蝶。这种起源于东亚的植物冬季会休眠，来年春季继续萌发新枝，是原生态花园里很美丽的灌木。

◈ 绣线菊

Spiraea x arguta (Rosaceae)

花色：**白色**　花期：**春季**

株高：**2 m**

栽培简单，适宜栽种在花园里的任何地方，但在光照充足处或半阴处生长最佳，是生长缓慢的观赏性灌木。植株向上生长，分枝浓密并呈下垂状。早春时，伞房花序上开满芬香的白色小花。

◲ 红醋栗

Ribes sanguineum (Grossulariaceae)

花色：**红色**　花期：**春季**

株高：**3 m**

起源于北美，花开在3~7cm长的"葡萄串"上。春季开花时，与黄色的金连翘形成奇妙多彩的对比。叶片深绿，有香气。喜温暖、光照充足的地方，对土壤要求不高。

诱人的灌木

1 沙棘

Hippophae rhamnoides (Elaeagnaceae)

花色：**无色**　花期：**春季**
株高：**6 m**

夏季常绿的野生灌木，多刺。成串的橙红色果实水分充足，富含丰富的维生素C，维生素A和维生素E。雌雄异株，最好各种一株，便于授粉结果。喜爱碱性砂壤土和光照充足的地方。

2 欧洲火棘

Pyracantha coccinea (Rosaceae)

花色：**白色**　花期：**春季**
株高：**4 m**

冬季常绿，主茎秆上分枝密集，耐修剪，适宜做常规式隔断。果实外形呈浆果状，色泽猩红色至橙黄色，作为秋冬季节的装饰很是抢眼。略有毒，不可食用。生命力顽强，但冬季不喜阳光和强风。

3 欧洲荚蒾

Viburnum opulus (Caprifoliaceae)

花色：**白色**　花期：**夏季**
株高：**4 m**

这种夏季常绿灌木的典型特征是生长迅速，分枝性强。除本地荚蒾外还有很多外来品种。"黄果"荚蒾会结黄色的果实，十分吸引人。白色的花朵让人误以为是绣球，花谢后结出一串串浆果，但果实有毒。

4 雪果
Symphoricarpos albus (Caprifoliaceae)

花色：**淡粉色**　花期：**夏季**
株高：**2 m**

这种夏季常绿的观赏树在欧洲很常见。使劲挤压果实会发出清脆的"啪"声，所以德文叫"砰豌豆（Knallerbsen）"。开满淡粉色卵圆形花朵的"葡萄串"悬在分枝末端。9月后白色的浆果开始挂满枝头，一直到冬季。有一些新育成的品种果实呈红色。果实有毒。

5 欧卫矛
Euonymus europaeus (Celastraceae)

花色：**绿色、白色**　花期：**早夏**
株高：**3 m**

由于美丽的红色果实和秋季绚丽的色彩，欧卫矛在花园里很受欢迎，但要注意，它的果实毒性很强！这种夏季常绿树木喜爱氮肥充足的土壤。

6 山茱萸
Cornus mas (Cornaceae)

花色：**黄色**　花期：**春季**
株高：**7 m**

如果你种的品种是'斑锦'，那么每年2~4月，在老枝条上会开满金黄色香气袭人的花朵，而且更让人可喜的是，其亮红色椭圆形的浆果，可以食用，但有轻微酸味。种植简单，对种植地点和护理要求也不高。

不同花形和颜色的蔷薇

1 野生玫瑰

花色：**粉红色**　花期：**夏季**
株高：**50 ~ 150 cm**

低矮直立且长满刺的分枝上，开着单瓣的粉红色花朵。略肉质的猩红色浆果可食用。

2 古典玫瑰

花色：**白色、粉红色、红色**
花期：**夏季**　株高：**1.5 m**

这种价值非凡，深受园丁喜爱的玫瑰按照起源可以分成不同品种。有的玫瑰品种一年只盛开一次，但特别茂盛。

3 英国玫瑰

花色：**白色、玫红色、黄色、橙色、紫色、红色**
花期：**夏季**　株高：**1.5 m**

重瓣，有香味。新育成的品种有黄色和杏色的，比较有名的有：'克莱尔·奥斯汀'，'查尔斯·达尔文'，'亚伯拉罕·达比'。

4 攀缘月季

花色：**白色、粉红色、紫色、黄色、橙红色**
花期：**夏季**　株高：**5 ~ 12 m**

很容易爬满枝头、墙壁甚至整座房子。值得推荐的品种：
'攀缘者雷托克'（白色，半重瓣），'保罗的喜玛拉雅麝
香'（粉红色，半重瓣），'邱园漫步者'（粉色，单瓣），
'阿尔贝克·巴比埃'（白色，重瓣）。

5 藤本月季

花色：**白色、粉红色、紫色、黄色、橙红色**
花期：**夏季**　株高：**2 ~ 5 m**

这种月季的藤能长到6m长。需要墙壁或木架等支
撑物辅助攀缘。如所有月季一样，喜爱土质疏松、
营养丰富的土壤以及充足的光照。有名的品种：
'新黎明'（右图），'天鹅湖'和'卡特琳娜·贝
拉'。

6 现代灌木月季

花色：**白色、粉红色、黄色**
花期：**夏季**　株高：**1.5 m**

直立向上生长，最高能长到2m，所以也可以单独成棵。品
种特别多，如'苏菲·绍尔'（白色），'龙沙宝石'（粉红
色）和'帕德博思主教'（红色）都在一年中多次开花，十分
受欢迎。

合适的蔷薇伴侣

1 猫薄荷
Nepeta x faassenii (Lamiaceae)

花色：白色、玫红色、紫色、蓝色
花期：晚春至霜冻　　株高：20～100 cm

名字源自这种植物对猫有特殊的吸引力。护理简单，喜爱干燥且阳光充足的地方。生长迅速，很快就能形成浓密的一大丛。从6月开始，这种有着薰衣草蓝紫色的花朵会竞相开放。一年进行一次全面的修剪。剪除开过的花穗可以延长花期。

2 假荆芥风轮菜
Calamintha nepeta (Lamiaceae)

花色：亮紫色　　花期：夏季至秋季
株高：40～50 cm

极具观赏性的株形使它成为蔷薇和老颧草的最佳搭档。伞形花序，花期很长。叶片有香味，可吸引昆虫。喜爱营养丰富、透水性好的腐殖土。晚秋时，可将其修剪至与地面同高。

3 林荫鼠尾草
Salvia nemorosa, Salvia x superba (Lamiaceae)

花色：紫蓝色、粉红色、白色　　花期：夏季至秋季
株高：40～70 cm

植株灌木状，叶片呈椭圆形，具短毛。有香味，稍具刺激性。喜欢气候温和、阳光充足的地方和钙质丰富、透水性好的土壤。第一次花期后的修剪有利于第二盛花期。

4 白苞蒿
Artemisia lactiflora (Asteraceae)

花色：**黄色、白色**　花期：**夏季**
株高：**70 cm**

侧枝很多，适合任何土壤。直立的茎秆边缘有整齐发光的银白色叶群。喜爱阳光，是大丛灌木月季的理想搭档。十分耐寒。6月时如果适当对分枝给以支撑能够减少倒伏。

5 绵毛水苏
Stachys byzantina (Lamiaceae)

花色：**粉红色**　花期：**夏季**
株高：**10 ~ 40 cm**

天鹅绒般的叶子使它成为受欢迎的观叶宿根，粉红色的唇形花朵反而并不引人注意。喜欢温暖的气候和富有钙质、透水性好的土壤，冬季注意防冻防涝。由于叶色很亮，所以特别适合与月季搭配用作地面覆盖。

6 阔叶风铃草
Campanula latiflora (Campanulaceae)

花色：**蓝色、紫红色**　花期：**早夏**
株高：**80 cm**

种植简单，株形紧凑易长成团。花期短，自播能力强。是光照充足或半阴花床里很好的填充植物。

果树

1 樱桃

Prunus (Rosaceae)

花色：**白色**　花期：**春季**
株高：**20 m**

有两个品种：甜樱桃和欧洲酸樱桃。喜欢营养丰富，透气性好和腐殖质含量高的土壤。甜樱桃特别适宜直接食用，酸樱桃更适宜做蜜饯、酸奶或果酱。有不同的高度和外形，可根据需要选择不同的品种。

2 苹果树

Malus domestica (Rosaceae)

花色：**白色、粉红色**　花期：**春季**
株高：**10 m**

苹果树起源于亚洲，如今有2000多个特性各异的品种。经常被作为隔离树木种植，在有阳光的地方生长良好。4~5月开花，秋季果实成熟。有的品种到冬季末期还挂着果实。

3 欧洲李

Prunus domestica subsp. domestica (Rosaceae)

花色：**白色**　花期：**春季**
株高：**10 m**

晚熟的古老果树。喜爱营养丰富的新鲜土壤和充足的光照。5月枝条和花朵同时长出。果实可用于烹调、烘焙或酿酒。

4 黄香李

Prunus domestica subsp. syriaca (Rosaceae)

花色：**白色**　花期：**春季**
株高：**5 m**

李下的一个亚种，别名"布拉斯李"。喜爱温暖气候，冬季需越冬保护，产果量大，可做隔离用。果实呈黄色，有的果皮表面有红色或绿色的斑点。自花授粉植物，单株也可以种植。

5 榲桲

Cydonia oblonga (Rosaceae)

花色：**白色、粉红色**　花期：**早夏**
株高：**6 m**

小型灌木，种植管理简单。对土壤的要求与梨树类似。10月可收获金黄色的果实。不可生食，加温后可做成蜜饯、果冻或果汁等。

6 梨树

Pyrus communis (Rosaceae)

花色：**白色**　花期：**春季**
株高：**3~20 m**

不喜欢太潮湿的环境，更不耐涝。光照充足时可以开出更多的花朵，利于果树高产。7~10月采摘。易患梨锈病，这种病经常通过刺柏属植物传播。

结果实的灌木

1 鹅莓

Ribes uva-crispa (Grossulariaceae)

花期：**春季**　株高：**60 ~ 100 cm**

这种生长浓密的带刺灌木适宜种在营养丰富的腐殖质土壤中。覆有少量绒毛的果实，味道微酸，因品种不同有黄色、红色和白色。

2 醋栗

Ribes-Arten (Grossulariaceae)

花期：**春季**　株高：**1 ~ 2 m**

有两个品种：黑醋栗和红醋栗。可以单独成丛，或做隔离，或单独成树，喜爱营养丰富的腐殖质土壤。

3 覆盆子

Rubus idaeus (Rosaceae)

花色：**白色、粉红色**　花期：**春季至夏季**

株高：**1 ~ 2 m**

长枝条的灌木。6月就可以收获红色的果实，产量很高。喜欢半阴处和营养丰富的土壤。

4 黑莓

Rubus sectio. Rubus (Rosaceae)

花色：**白色**　花期：**春季**
株高：**3 m**

第二年就可以收获美味的黑莓果实。分枝有刺，
市场上也可以买到没刺的黑莓品种。喜欢温暖的
气候，越冬时须有保护。

5 黑刺李

Prunus spinosa (Rosaceae)

花色：**白色**　花期：**春季**
株高：**3 m**

这种生长缓慢，有刺的灌木3月开始开花。果实可
食用，富含维生素C。霜冻时收获的果实更甜，但
采收起来比较麻烦。喜爱阳光充足且干燥的地方。

6 唐棣

Amelanchier-Arten (Rosaceae)

花色：**白色**　花期：**早夏**
株高：**7 m**

丛生，夏季常绿灌木。5月树叶萌芽前直接开出心形
花朵，8月结出成串的蓝黑色果实，可食用。

攀缘植物

◼ 常春藤
Hedera helix (Araliaceae)

花期：**秋季**　株高：**10~20 m**

生长迅速，长势繁茂，常绿，管理简单，这些优点使常春藤成为每个花园里的必备植物。地上匍匐着的，墙上爬着的都是它的身影。有的品种叶片白黄相间。结黑色果实，有毒。

◼ 铁线莲
Clematis-Hybriden (Ranunculaceae)

花色：**白色、粉红色、红色**　花期：**夏季到秋季**
株高：**2~5 m**

市场上有很多品种，长势旺，攀缘性强。凭借其叶卷须可以沿着棚架、铁丝和灌木等攀缘向上。心形花朵大而美，有的品种是重瓣的。在光照充足或半阴处皆可种植。夏季常绿。根部最好用叶片、树皮或长势旺的植物覆盖。

◼ 藤绣球
Hydrangea anomala ssp. petiolaris (Hydrangeaceae)

花色：**白色**　花期：**夏季**
株高：**6~7 m**

特别适合用于房屋墙壁和棚架的绿化。夏季常绿型植物，叶片深绿色，6月开出具香味的白色伞形花序。喜爱半阴至全阴的地方。

４ 酿酒葡萄
Vitis vinifera subsp. vinifera (Vitaceae)

花色：**夏季** 　株高：**2~10 m**

德国登记的就有50多种，如雷司令、勃艮第等。要想有高产的甜葡萄，土壤结构必须良好，且要处于温暖和阳光充足的地方。可沿着墙壁、棚架或隔离树等攀附生长。晚冬时必须修剪主茎。

５ 爬墙虎
Parthenocissus tricuspidata (Vitaceae)

花色：**夏季** 　株高：**10~15 m**

夏季常绿的攀缘植物，生长迅速。依靠自身的吸盘沿着墙壁等向上攀缘。叶片宽卵形，秋季会染成红色。6~7月开始开花，黄绿色的花并不显眼。10月结出紫黑色果实，有微毒。

６ 金银花
Lonicera periclymenum, Lonicera 'Serotina' (Caprifoliaceae)

花色：**橙黄色、粉红色、紫色** 　花期：**夏季**
株高：**4~6 m**

生长旺盛，是墙壁、棚架和栅栏上的理想植物。花呈筒状，两裂，成丛地开在花芽上。浆果有毒。喜爱光照充足或半阴的地方。

艳丽宿根

1 鬼罂粟
Papaver orientale (Papaveraceae)

花色：**红色、橙色、粉红色、白色**
花期：**夏季**　株高：**60～100 cm**

花大而醒目。有不同花色和株高的品种。开粉红色花的'卡琳'十分可爱。花谢后叶片还在，一般作为花园里的背景植物。喜爱光照充足、干燥的地方。

2 欧乌头
Aconitum napellus (Ranunculaceae)

花色：**深蓝色、紫色**　花期：**夏季**
株高：**110 cm**

剧毒宿根。夏季，蜡烛形的葡萄花穗从茂盛的叶群里抽出，是农夫花园里十分受欢迎的植物。喜欢光照充足处和营养丰富、水分充足的土壤。

3 赛菊芋
Heliopsis helianthoides (Asteraceae)

花色：**黄色**　花期：**夏季**
株高：**70～130 cm**

夏季持续开花。花量大，重瓣或单瓣，黄色。这种起源于北美的宿根，喜爱营养丰富的土壤。如果早春时多次掐掉茎尖，后期植株不仅不易倒伏而且花期长。

4 紫松果菊
Echinacea purpurea (Asteraceae)

花色：**粉红色，花芯棕色**　花期：**夏季**
株高：**50～100 cm**

长势旺盛，可招蜂引蝶。美丽的花朵开在健壮的枝条上，适宜做切花。偏爱光照充足和气候温暖的地方。起源于北美，是古老的药用植物。

5 宿根向日葵
Helianthus decapetalus (Asteraceae)

花色：**金黄色**　花期：**夏季**
株高：**150 cm**

这种直立向上，分枝旺盛的宿根在花床里能形成美丽的花海背景。大型花朵8～9月绽放。喜爱气候温暖，光照充足处。适宜植于营养丰富的新鲜土壤。

6 鸢尾
Iris barbata (Iridacea)

花色：**紫色、白色**　花期：**春末至夏季**
株高：**20～120 cm**

由于育种工作的进展，鸢尾的品种越来越多，有高、中、低不同株形以及不同颜色和花期的。喜爱营养丰富，干燥而温暖的地方。

205

群植宿根

1 打破碗花花/湖北野棉花
Anemone hupehensis (Ranunculaceae)

花色：**粉红色、紫红色**　花期：**秋季**
株高：**1 m**

7～10月开花，花倒卵形。喜潮湿耐寒。适宜腐
殖质丰富的砂壤土。

2 恩氏老鹳草
Geranium endressii (Geraniaceae)

花色：**粉红色、白色**　花期：**夏季至秋季**
株高：**30～70 cm**

乡村花园中理想的宿根植物。因品种而异可做覆盖或群植。
大多数品种的花期可持续几个月。

3 荷兰菊
Aster novi-belgii (Asteraceae)

花色：**粉红色、紫红色、白色**　花期：**秋季**
株高：**60～150 cm**

直立生长，长势旺盛。高大的品种最好种植在花
坛后方。喜爱新鲜且营养丰富的土壤。修剪后分
枝多，花量大。

4 常绿大戟

Euphorbia characias (Euphorbiaceae)

花色：**黄绿色**　花期：**夏季**
株高：**60 ~ 100 cm**

当大戟圆柱形的花穗在早春盛开时，景色十分壮观。四季常绿，但如果太冷或处于风口，冬季会有冻伤。喜光，适宜透水性好的土壤。植株全身有毒。

5 轮叶金鸡菊

Coreopsis verticillata (Asteraceae)

花色：**金黄**　花期：**夏季**
株高：**70 cm**

起源于北美，花量大，短的侧枝可形成密密的花丛。针形叶上开满星形花朵，从6月一直开到8月。花期后适当修剪，可促进分枝。喜爱富含腐殖质的土壤和阳光充足的地方。

6 萱草

Hemerocallis-Hybriden (Hemerocallidaceae)

花色：**橙色、红色、黄色、粉红色、紫色**
花期：**晚夏**　株高：**40 ~ 110 cm**

分枝密，高矮不一。6月起开漏斗形花朵。橙色、红色、黄色、粉红色、紫色等各色花朵如调色板一般丰富多彩。对土壤、光照要求不高，在任何花园中都能生长良好。有的品种还有香味。

自播宿根

◼ 毛剪秋罗
Silene coronaria (Caryophyllaceae)

花色：**胭脂红**　花期：**夏季**
株高：**50 ~ 70 cm**

很好种的野生宿根。毡状的灰色叶群上是成堆的花苞，6月就会开出闪亮的花朵。喜爱阳光充足的地方，适宜温暖干燥的土壤。

◼ 花葱
Polemonium caeruleum (Polemoniaceae)

花色：**蓝色、白色**　花期：**夏季**
株高：**80 cm**

在光照充足或半阴处都能生长良好。土壤必须略微潮湿。很容易成片成丛。

◼ 败酱草
Centranthus ruber (Valerianaceae)

花色：**粉红色、白色**　花期：**夏季**
株高：**60 ~ 70 cm**

这种容易种植的植物分枝性强，小小的花朵一层一层地形成聚伞花序，特别适宜乡村风格的花园。6月开始盛花。如果花期过后经常修剪，可以一直开到秋季。喜爱阳光充足的地方和透水性好的土壤。

4 皱叶剪秋罗
Lychnis chalcedonica (Caryophyllaceae)

花色：**红色**　花期：**夏季**
株高：**80 ~ 100 cm**

分枝性好，花量大，花朵火红。6月，大片的花朵成聚伞花序开在健壮的茎秆上，十分适宜乡村花园风格。喜爱营养丰富、潮湿的土壤，不耐长期干燥。花期过后修剪能再次开花，不过花量会略有减少。

5 柳叶马鞭草
Verbena bonariensis (Verbenaceae)

花色：**蓝色、白色**　花期：**夏季**
株高：**90 ~ 120 cm**

7月开始开花，一直持续到霜冻期。像铁丝状略扁的茎秆分枝很多，相应的花量也很大。喜爱温暖、透水性好的土壤。能自播自生，每年都会有新芽萌发。注意避免水涝。

6 月见草
Oenothera fruticosa (Onagraceae)

花色：**黄色**　花期：**夏季**
株高：**40 ~ 70 cm**

花期长，花朵香气怡人。植株直立向上，花簇丛生。喜爱透水性好的土壤，冬季不耐涝。

亲近自然的宿根植物

1 千屈菜
Lythrum salicaria (Lythraceae)

花色：**紫红色**　花期：**夏季**
株高：**60 ~ 120 cm**

野生宿根适宜潮湿的土壤，是沼泽区的水源清洁植物。植株直立向上，茎秆轻微木质化。窄长至披针形的叶片有尖顶，秋季会染成红色。夏季在多年生的枝头上开紫红色的小花。花期后及时清除果穗以免自播。属蜂源植物。

2 美国薄荷
Monarda-Hybriden (Lamiaceae)

花色：**红色、粉红色**　花期：**夏季**
株高：**80 ~ 140 cm**

美国薄荷花朵像羽毛一样，很迷人。与观赏草、萱草和松果菊组合在一起效果特别好。喜爱富含腐殖质、营养丰富且不太干燥的土壤。适宜有少许光照或略阴的地方。注意防止蜗牛馋食。

3 俄罗斯糙苏
Phlomis russeliana (Lamiaceae)

花色：**黄色**　花期：**夏季**
株高：**60 ~ 80 cm**

分枝很多，很快就能形成地毯般的花丛。黄色的花朵紧抱着茎秆，轮生花序一层一层的。秋季结果时也很具观赏性。避免冬季水涝。

4 马其顿川续断

Knautia macedonica (Dipsacaceae)

花色：**深红色** 花期：**夏至秋季**
株高：**60 ~ 80 cm**

生长浓密，但寿命不长。新育成的品种中也有色彩较柔和的，如'麦尔顿蜡笔'。起源于巴尔干和罗马尼亚，种植容易，喜爱干燥、光照充足和温暖的地方。适宜种在树木或垂吊植物前面，是猫薄荷、蓝盆花和蓟类的最佳搭档。

5 西伯利亚鸢尾

Iris sibirica (Iridaceae)

花色：**紫色、蓝色、黄色、白色**
花期：**夏季** 株高：**60 ~ 100 cm**

丛生宿根。叶灰绿色，条形。杂交品种的花朵有很多不同的颜色。喜爱富含腐殖质、潮湿、有光照的新鲜土壤。适宜种在溪边或池塘旁，最好群植。

6 草原老鹳草

Geranium pratense (Geraniaceae)

花色：**蓝紫色** 花期：**夏季**
株高：**50 ~ 120 cm**

丛生宿根，长势特别旺盛。喜爱光照充足或略微荫蔽的地方，不喜欢砂壤土和干燥的土壤。枝条有毛、细长，易倒伏，开花盘状的紫色花朵。花期后修剪有利于再花。

遮阴处的宿根

1 圣诞玫瑰
Helleborus-Hybriden (Ranunculaceae)

花色：**白色、红色、粉红色**　花期：**春季**
株高：**30 ~ 40 cm**

花朵大。喜爱透水性好、腐殖质丰富的土壤。市场上比较常见的是开红花的品种'Atrorubens'。

2 心叶牛舌草
Brunnera macrophylla (Boraginaceae)

花色：**蓝色**　花期：**春季**
株高：**30 cm**

开出大量小碎花，属于很美的早春花卉。硕大的心形叶片生长十分浓密，即使在树下也能茁壮成长。喜爱潮湿、腐殖质丰富的新鲜土壤。能自播，不用管理也生长良好，而且寿命长，适宜做地面覆盖植物。

3 落新妇
Astilbe-Arendsii-Hybriden (Saxifragaceae)

花色：**白色、粉红色、红色**　花期：**夏季**
株高：**50 ~ 100 cm**

圆锥花序密被褐色卷曲长柔毛，花密集。晚秋时修剪至植株基部。每隔4年进行分株，重新种植。

④ 假升麻
Aruncus dioicus (Rosaceae)

花色：**白色**　花期：**夏季**
株高：**50 ~ 150 cm**

植株高大，能长出50cm长的白色花穗。护理简单。植于半阴处最佳，但有光或遮阴处也可以。这种独立成景的宿根是自播植物，种苗需充足的光照和水分。

⑤ 玉簪
Hosta-Hybriden (Agavaceae)

花色：**紫色、白色**　花期：**夏季**
株高：**10 ~ 100 cm**

品种繁多，拥有不同的色彩和叶形，是花园里最受欢迎的观叶植物之一。因叶色不同，有的喜阴，有的喜半阴。生长比较缓慢，但最后能形成浓密的叶群。花朵成串开放。叶芽在晚霜时注意防冻。

⑥ 鬼灯檠
Rodgersia podophylla (Saxifragaceae)

花色：**白色**　花期：**夏季**
株高：**50 ~ 150 cm**

很美的观叶植物，硕大的叶片、浓密的叶群是树下或池塘边的最佳选择。6月，圆锥形白色花穗开在叶群之上。喜爱潮湿、富含腐殖质的砂壤土。

野生花卉

1 滨菊
Leucanthemum vulgare (Asteraceae)

花色：**白色**　花期：**夏季**
株高：**30～60 cm**

多年生野花，易繁殖。植株枯萎时经常有难闻的气味。喜凉爽湿润环境。耐寒力不强，冬季须保护越冬。要求肥沃且排水良好的土壤。

2 椭圆叶蓼
Bistorta officinalis (Polygonaceae)

花色：**粉红色**　花期：**早夏**
株高：**20～100 cm**

德文名又叫蛇蓼，因为它的根系像蛇的形状。喜爱潮湿土壤，需水量大。侧枝很发达，可形成可观的叶群。粉红色的长花穗从绿色叶群中抽出。适宜乡村花园的潮湿地带。

3 菊蒿
Tanacetum vulgare (Asteraceae)

花色：**黄色**　花期：**夏季**
株高：**60～130 cm**

叶深绿色，羽毛状，长可达25cm。这个古老的药用植物，丛生，生长旺盛。冬季常绿，喜爱营养丰富的腐殖质土壤。特别适宜做切花和干花。

4 草地鼠尾草
Salvia pratensis (Lamiaceae)

花色：**蓝紫色**　花期：**春季至晚夏**
株高：**80 cm**

起源于地中海地区，目前除欧洲外，在亚洲和北美也可以看到。花朵似葡萄串开在茎秆顶端。耐寒，喜光亦耐半阴。忌干热。适宜土层深厚、肥沃且排水良好的土壤。

5 聚合草
Symphytum officinale (Boraginaceae)

花色：**紫色**　花期：**夏季**
株高：**30 ~ 100 cm**

丛生型多年生草本，全株被向下稍弧曲的硬毛和短伏毛。既耐寒，又抗高温。对土壤也无严格要求，除盐碱地、瘠薄地及排水不良的低洼地，一般土地均可种植。生命力极强，种植一次可利用10年左右。

6 虞美人
Papaver rhoeas (Papaveraceae)

花色：**红色**　花期：**夏季**
株高：**30 ~ 80 cm**

红色的虞美人是原野、路边和草原里最美的植物之一。在光照充足处，红色的花朵会盛开一整个夏季。虞美人属于杂草，在休耕的土地或耕地边缘总能看到它的身影。

芳香和药用植物

1 药用鼠尾草
Salvia officinalis (Lamiaceae)

花色：**紫色**　花期：**夏季**
株高：**60 cm**

这种常绿又有香味的多年生灌木，一直作为观赏兼芳香和药用植物来栽培，用途广泛。6月开始盛花。喜爱温暖、干燥、有阳光的地方。有条件的话可以越冬，建议防冻。

2 百里香
Thymus vulgaris (Lamiaceae)

花色：**粉红色**　花期：**夏季**
株高：**40 cm**

矮生宿根。绿色叶片细小，开粉红色花朵，长势很快。喜温暖、干燥且光照充足处。对土壤要求不高，但在排水良好的石灰质土壤中生长较好。花和叶皆可药用。

3 牛至
Origanum vulgare (Lamiaceae)

花色：**粉红色**　花期：**夏季**
株高：**15 ~ 50 cm**

种植容易，喜光亦耐半阴，适宜干燥且营养丰富的土壤。花期后可适当修剪。市场上品种很多，叶片的颜色也不同。

4 细香葱
Allium schoenoprasum (Alliaceae)

花色：**紫色**　花期：**夏季**
株高：　**30 cm**

这个多年生的芳香植物是香草花园的最爱，适宜种在花床的边缘和角落，或种在花盆里。植株的味道能驱除害虫。开紫色球形花朵。可食用，还可作为菜肴的装饰品。全年可采收。注意防霜冻。

5 欧当归
Levisticum officinale (Apiaceae)

花色：**紫色**　花期：**夏季**
株高：　**2.5 m**

耐寒，有香味。6月开双重聚伞花序。喜爱阳光充足的地方，不耐水涝。味道像芹菜，可药用，也可作为烹饪的作料。

6 欧薄荷
Mentha x piperita (Lamiaceae)

花色：**白色、粉红色**　花期：**夏季**
株高：　**1 m**

多年生的芳香和药用植物，市场上有很多品种。种植简单，适宜任何位于阳光充足或半阴处的土壤。根系发达，生长旺盛。磨碎叶片会有经典的薄荷香味，可泡茶。

⑦ 金盏菊
Calendula officinalis (Asteraceae)

花色：**橙色、橙红色**　花期：**夏至秋季**
株高：**30 ~ 60 cm**

一年生草本植物。喜光照，适宜干旱、疏松、肥沃的碱性土壤。矮生品种适宜盆栽，置于农夫花园里填充空白处。很容易自播。具有消炎抗菌，清热降火的药用价值。叶和花瓣可食用。

⑧ 熊葱
Allium ursinum (Alliaceae)

花色：**白色**　花期：**春季**
株高：**20 ~ 50 cm**

在欧洲和北亚几乎随处可见野生的熊葱，一般生长于遮阴处。常作为地面覆盖植物被人们栽培。喜爱腐殖质丰富、疏松、潮湿的黏性壤土。叶片可作为食物、香料和药材。在开花前采摘，因为花期后采摘就不能食用了。注意熊葱容易与铃兰和秋水仙混淆，后两者都有毒。

⑨ 旱金莲
Tropaeolum majus (Tropaeolaceae)

花色：**黄色、橙色、红色**　花期：**夏季**
株高：**20 ~ 200 cm**

多年生的半蔓生植物。叶肥花美且有香味。喜温和气候，不耐严寒酷暑。花和叶都可食用，还能治疗感冒和咳嗽。

10 琉璃苣
Borago officinalis (Boraginaceae)

花色：**紫色** 花期：**夏季**
株高：**70 cm**

原产于地中海地区，稍具黄瓜香味，茎秆和叶被有浓密的毛。5~9月开紫色星形花朵。普遍用于治疗呼吸道和尿道炎症，腹泻。

11 香芹
Petroselinum crispum (Apiaceae)

花色：**绿色** 花期：**秋季**
株高：**20 ~ 100 cm**

多年生草本。具有清爽的香味。适合冷凉和湿润的气候，置于光照处或半阴处皆生长良好。富含丰富的维生素C，叶和茎可食用，是用途广泛的草药。

12 夏日风轮菜
Satureja hortensis (Lamiaceae)

花色：**亮紫色** 花期：**夏季**
株高：**25 ~ 60 cm**

一年生植物，直立向上生长，分枝性极佳。喜爱温暖、阳光充足的地方。冬日风轮菜是多年生植物。有辛辣气味，吃起来类似辣椒。主要用于搭配豆类菜肴，新鲜或干燥食用皆可。

蔬菜

1 南瓜
Cucurbita-Arten (Cucurbitaceae)

花色：**黄色**　花期：**夏季**
株高：**20 cm**

蔓生爬藤植物，叶片密生棘。不耐霜冻，一年生。果实因品种不同，大小、形状各异。果肉可以炒、蒸或烧烤食用。种子可以作为小吃或榨油。

2 欧防风
Pastinaca sativa (Apiaceae)

花期：**秋季**　株高：**30～120 cm**

外形有点像萝卜。根粗大，圆锥形，棕黄色，可食用。开花前，植株约20cm高时采收根系。主要作为沙拉或汤的佐料，有辛辣味。

3 莴苣缬草
Valerianella locusta (Valerianaceae)

花期：**春季**　株高：**5～15 cm**

一年生，叶基生莲座。因品种不同有宽叶和窄叶、圆叶和尖叶等不同的叶群形态。能耐−20℃的低温，冬季也可以收获。吃起来香脆可口。

4 甜菜

Beta vulgaris (Amaranthaceae)

花期：**秋季**　株高：**30 cm**

根茎蔬菜，可形成深红色膨大的根茎。夏季播种，10月第一次收获，一直可持续到霜冻期。经典的冬季蔬菜，味道辛辣。根茎多汁，可用做食品的染色剂。

5 菜蓟

Cynara cardunculus (Asteraceae)

花色：**紫色**　花期：**夏季**
株高：**2.5 m**

多年生草本。生长强壮，蓟状，喜爱温暖气候和阳光充足的地方。因为花茎可以食用而一直被人们种植。一般在花还未开时就可收获。过冬时需要保护，如用云杉枝条等覆盖越冬。

6 西红柿

Solanum lycopersicum (Solanaceae)

花色：**黄色**　花期：**夏季**
株高：**2 m**

茄科植物。有丛生和直立两个品种。因品种不同，果实的形状和颜色也不同。喜阳光充足处及腐殖质含量高的土壤，需肥量大，不耐水涝。最好有立柱支撑，除去侧枝有利于高产（丛生品种除外）。

7 叶用甜菜

Beta vulgaris subsp. cicla (Amaranthaceae)

花期：**秋季**　株高：**30 cm**

叶和茎均可食用，根不可食用。叶有皱叶和光叶之分，叶片的颜色也因品种不同而有所差别，故有的品种也作为观叶植物种在花床里。一般作二年生植物种植。

8 菜豆

Phaseolus vulgaris var. nanus (Fabaceae)

花色：**白色**　花期：**夏季**
株高：**30 ~ 50 cm**

种植十分简单，品种繁多，收获季节豆的颜色各不相同。5~6月结果，7~9月采收。与扁豆不同，菜豆不需藤架支撑。

9 菊苣

Cichorium intybus var. foliosum (Asteraceae)

花色：**蓝色**　花期：**夏季**
株高：**40 cm**

叶片很脆，味微苦。可以长到2kg重，10月底至11月采收。喜爱疏松、营养丰富且潮湿的土壤。

⑩ 小茴香
Foeniculum vulgare (Apiaceae)

花色：**黄色**　花期：**夏季**
株高：**150 cm**

喜爱干燥、营养丰富的土壤。叶与果实均有特殊
的香味。嫩叶可作蔬菜食用，果实可作香料用。

⑪ 胡萝卜
Daucus carota (Apiaceae)

花色：**白色**　花期：**春季**
株高：**30 ~ 80 cm**

喜爱土层深厚、土质疏松、排水良好的砂壤土和黏土。因品
种不同，地下块茎有橙色、黄色和白色等。容易被胡萝卜蝇
所害，推荐用纱网覆盖防虫。

⑫ 芸薹属
Brassica-Arten (Brassicaceae)

花色：**黄色**　花期：**夏季**
株高：**20 ~ 40 cm**

芸薹属包含很多不同类型、不同颜色的植物，其
中典型的冬季蔬菜是西兰花、大白菜、结球甘蓝
等。羽衣甘蓝因其色彩丰富、耐寒性好而常被种
植于花园中。

一二年生的夏季花卉

1 金鱼草
Antirrhinum majus (Plantaginaceae)

花色：**黄色、红色、紫色、白色**
花期：**夏季**　株高：**20～90 cm**

金鱼草是夏季花坛和宿根花床里特别适宜种植的植物。部分品种有垂吊性，适宜阳台种植或制成吊篮。喜光亦耐半阴。花期后修剪能使花期持续至霜冻期。如果希望丛生可将顶部掐掉。

2 紫罗兰
Matthiola incana (Brassicaceae)

花色：**黄色、粉红色、紫色、白色**
花期：**夏季**　株高：**30～80 cm**

有着灰色毡状叶片和重瓣成串的花穗。喜爱阳光充足处，适宜营养丰富、腐殖质含量高的土壤。颜色丰富，不同的色彩组合效果十分美丽。

3 大波斯菊
Cosmos bipinnatus (Asteraceae)

花色：**白色、红色、粉红色**
花期：**夏季**　株高：**50～110 cm**

鲜艳的大花朵，羽毛状的叶群，让这个一年生植物看起来很别致。如果能经常除去残花，就能花开不断。也可以作切花。

4 黑种草
Nigella damascena (Ranunculaceae)

花色：**白色、蓝色、粉红色**
花期：**夏季**　株高：**30～50 cm**

一年生植物，管理简单，也可以作切花。花期后果荚像球形，很具装饰性，做成干花束也十分受欢迎。能自播。

5 百日草
Zinnia elegans (Asteraceae)

花色：**白色、黄色、橙色、红色、粉红色**
花期：**夏季**　株高：**30～100 cm**

一年生草本植物，有单瓣、重瓣，卷叶、皱叶和各种不同颜色的园艺品种，是著名的观赏植物，也可作切花。

流行的球根植物

1 郁金香
Tulipa-Hybriden (Liliaceae)

花色：**白色、黄色、红色、粉红色、紫色**
花期：**春季**　株高：**25 ~ 40 cm**

十分受欢迎的春季花卉，市场上有很多品种可供选择。喜爱光照充足或半阴处，适宜干燥、营养丰富的新鲜土壤。花谢后除去残花，花期后可剪掉果枝。

2 花贝母
Fritillaria imperialis (Liliaceae)

花色：**黄色、橙色**　花期：**春季**
株高：**80 ~ 120 cm**

成串的橙色或黄色花朵紧密连成花团，向下开放，散发着浓浓的香气。喜爱温暖，阳光充足的地方。最佳种植时间在7月。能吓跑田鼠，种在田鼠爱吃的郁金香等花卉周围可以起到驱赶作用。

3 洋水仙
Narcissus-Hybriden (Amaryllidaceae)

花色：**白色、黄色、橙色**　花期：**春季**
株高：**30 ~ 40 cm**

分枝很多的球根花卉，单茎开一至多枚花朵，并且经常为双色花。品种特别多，喜爱砂质腐殖土，成片种植观赏效果更好。球根在秋季时埋入土中10~15cm深，上面覆盖砂石。

4 圆头大花葱
Allium sphaerocephalon (Alliaceae)

花色：**紫色**　花期：**夏季**
株高：**30~70 cm**

相对于其他葱类，圆头大花葱盛开在初夏至仲夏。极具吸引力的圆球形紫色花头是花园里独特的亮点。可作切花或干花。喜欢透水性好的干燥土壤。

5 圣母百合
Lillium candidum (Liliaceae)

花色：**白色、紫色**　花期：**夏季**
株高：**1 m**

花朵在冬季来临前开放。与其他百合不同，圣母百合的球根是浅浅的种在砂质腐殖土上，生长很快。

6 番红花
Crocus-Hybriden (Iridaceae)

花色：**白色、蓝色、紫色**　花期：**春季**
株高：**8~15 cm**

丛生，能形成一片美丽的花毯。喜爱光照充足或半阴处，可种在宿根或树木下。经常开双色花。

常见的球茎植物

◼ 大丽花
Dahlia-Hybriden (Asteraceae)

花色：**白色、红色、粉红色、黄色、橙色、紫色**
花期：**夏季**　株高：**20～140 cm**

美丽的大丽花是广受欢迎的球根花卉，拥有各种各样的颜色和形状，群植效果最佳。花期从夏季一直持续到秋季，冬季地上部分枯萎。种球不耐霜冻，必须干燥储藏。矮生品种还可以种在花盆里。

◻ 唐菖蒲属
Gladiolus-Hybriden (Iridaceae)

花色：**白色、红色、粉红色、黄色、橙色、紫色**
花期：**夏季**　株高：**1.5 m**

生长旺盛，叶片像剑，"剑柄"上长着很多花芽，有时易折断，花色繁多。喜爱全光照、少风、温暖的地方。过于寒冷的地区不能露地越冬。11月初将球根取出，置于干燥、阴凉、无霜冻的地方。

3 冬菟葵

Eranthis hyemalis (Ranunculaceae)

花色：**黄色**　花期：**春季**

株高：**5~10 cm**

2月，这种芬香的小花就开始绽放。矮小丛生，适宜种在树木下面作为地面覆盖物。欧石楠和雪花莲是它的最佳搭档。可通过球根或种子繁殖。有剧毒。

4 仙客来

Cyclamen hederifolium (Myrsinaceae)

花色：**粉红色、白色**　花期：**秋季**

株高：**20 cm**

冬季常绿的球根植物，叶片上常有银灰色斑点。10月开始开花，花期到第二年6月才结束。群植在有散射光的树下最合适，市场上还有耐寒的原生仙客来品种。

5 铃兰

Convallaria majalis (Ruscaceae)

花色：**白色、紫色**　花期：**春季**

株高：**15~25 cm**

适宜种于树木下方，半阴至全阴的地方。根系发达，植株扩展很快。精致又有香味的小白花成串开在花茎上，很美。

最受欢迎的园艺图书

[家庭果树栽培入门]

船越亮二 著
定价：58 元

[迷你生态瓶]

加布里埃尔·布里麻藤斯 著
定价：58 元

[圣诞玫瑰栽培入门]

有岛薰 著
定价：48 元

[香草生活手账]

真木文绘 著
定价：68 元

[彩叶植物图鉴]

荻原范雄 著
定价：49.8 元

[让花园更出彩的植物手册]

太田敦雄 著
定价：58 元

[花园mook·缤纷草花号]

FG武藏 著
定价：48 元

[空中花园]

科罗利·帕克 著
定价：52 元

[绣球映象]

糖糖 著
定价：68 元

[大成功！木村卓功的玫瑰月季栽培手册]

木村卓功 著
定价：48 元

[全图解玫瑰月季爆盆技巧]

铃木满男 著
定价：48 元

[玫瑰花园]

FG武藏 著
定价：48 元

[玫瑰月季栽培12月计划]

小山内健 著
定价：48 元

[人气玫瑰月季盆栽入门]

木村卓功 著
定价：48 元

[月季·圣诞玫瑰·铁线莲的种植秘籍]

小山内健等 著
定价：55 元

[铁线莲完美搭配]

金子明人 著
定价：48 元

[铁线莲栽培12月计划]

米米童 著
定价：48 元

[铁线莲栽培入门]

及川洋磨 著
定价：39 元

[DK香草圣经]

苏珊·柯蒂斯等 著
定价：138 元

[花园植物完美搭配]

本尼迪克特·布达松 著
定价：48 元

[庭院花木修剪]

妻鹿加年雄 著
定价：48 元

[阳台花园]

FG武藏 著
定价：48 元

[用一生建造一座花园]

二木 著
定价：68 元

[园居的一年]

兔毛爹 著
定价：58 元

图书在版编目（CIP）数据

乡村花园设计 / (德) 基普著；宝瓶译. — 武汉：湖北科学技术出版社，2017.5（2021.1，重印）

（花园设计系列）

ISBN 978-7-5352-7641-4

Ⅰ.①乡… Ⅱ.①基… ②宝… Ⅲ.①花园－园林设计 Ⅳ.①TU986.2

中国版本图书馆CIP数据核字(2015)第223918号

乡村花园设计

XIANGCUN HUAYUAN SHEJI

责任编辑：胡　婷

封面设计：胡　博

出版发行：湖北科学技术出版社

地　　址：武汉市雄楚大街268号
　　　　　（湖北出版文化城B座
　　　　　13~14楼）

邮　　编：430070

电　　话：027-87679468

网　　址：http://www.hbstp.com.cn

印　　刷：武汉市金港彩印有限公司

邮　　编：430023

开　　本：889×1194　1/16　14.5印张

版　　次：2017年5月第1版

印　　次：2021年1月第2次印刷

字　　数：300千字

定　　价：128.00元